水平井开发工艺技术

付繁荣　师力平　著

北京工业大学出版社

图书在版编目（CIP）数据

水平井开发工艺技术 / 付繁荣，师力平著． — 北京：
北京工业大学出版社，2022.12
ISBN 978-7-5639-8536-4

Ⅰ．①水… Ⅱ．①付… ②师… Ⅲ．①水平井—油田
开发 Ⅳ．① TE243-53

中国版本图书馆 CIP 数据核字（2022）第 248719 号

水平井开发工艺技术
SHUIPINGJING KAIFA GONGYI JISHU

著　　者： 付繁荣　师力平
责任编辑： 李　艳
封面设计： 知更壹点
出版发行： 北京工业大学出版社
　　　　　（北京市朝阳区平乐园 100 号　邮编：100124）
　　　　　010-67391722（传真）　bgdcbs@sina.com
经销单位： 全国各地新华书店
承印单位： 北京银宝丰印刷设计有限公司
开　　本： 710 毫米 ×1000 毫米　1/16
印　　张： 13.25
字　　数： 275 千字
版　　次： 2024 年 1 月第 1 版
印　　次： 2024 年 1 月第 1 次印刷
标准书号： ISBN 978-7-5639-8536-4
定　　价： 72.00 元

作者简介

　　付繁荣，陕西兴平人，毕业于西安石油大学，工程硕士，现任职于延长油田股份有限公司宝塔采油厂，高级工程师。主要研究方向：油田开发。

　　师力平，陕西清涧人，毕业于西安石油大学，本科学历，现任职于延长油田股份有限公司宝塔采油厂，高级工程师，主要研究方向：油田开发。

前　言

　　随着对石油勘探开发技术的要求越来越高，水平井工艺技术也得到了发展。水平井技术不仅适用于陆上油气田开发，更适用于海上、沼泽地、沙漠、冰川、河流及建筑物等恶劣条件下的油气田开发；不仅适用于常规油气田开发，更适用于高凝油、稠油、裂缝及薄层等特殊油气田的开发。本书从理论和实践层面全面系统地论述了水平井及其开发工艺技术，这有利于为从事水平井工程技术的研究人员，特别是从事水平井工程计算及决策的专业技术人员提供理论参考，保证在全面认识和理解相关工艺技术的情况下应用水平井开发工艺技术进一步推动石油工业的发展。

　　全书共七章。由付繁荣负责统稿，负责撰写第一章、第二章、第三章、第四章，共计 14.5 万字；师力平，负责撰写第五章、第六章、第七章，共计 13 万字。第一章为水平井概述，主要阐述了水平井的应用、水平井的分类、水平井的特点等内容；第二章为水平井技术现状，主要阐述了国外水平井技术现状、国内水平井技术现状、水平井技术发展方向等内容；第三章为水平井钻井技术，主要阐述了水平井的钻具设计、钻井液侵入与污染机理、水平井地质导向钻井技术、水平井泥浆工艺钻井技术等内容；第四章为水平井测井技术，主要阐述了水平井测井工艺原理、水平井测井关键技术、水平井测井技术的应用、水平井测井质量的提高等内容；第五章为水平井固井技术，主要阐述了固井基础理论、固井设备的维护使用、水平井固井技术现状、水平井固井关键技术、水平井固井质量的提高等内容；第六章为水平井射孔技术，主要阐述了射孔器及配套装置、水平井射孔关键技术、水平井射孔技术的应用等内容；第七章为水平井压裂工艺技术，主要阐述了水平井压裂基本理论、水平井水力压裂施工、水平井压裂技术分析、水平井压裂技术的应用、水平井压裂技术前景展望等内容。

　　作者在撰写本书的过程中，借鉴了许多前人的研究成果，在此表示衷心的感谢！并衷心期待本书在读者的学习生活以及工作实践中结出丰硕的果实。

　　探索知识的道路是永无止境的，本书还存在着许多不足之处，恳请广大读者进行斧正，以便改进和提高。

目　录

第一章　水平井概述

水平井技术已成为国内外高效开发油气藏资源技术手段的基础与支撑，水平井数量迅速增多，规模不断扩大，应用领域和范围也不断扩大，水平井技术体系也日趋完善。本章分为水平井的应用、水平井的分类、水平井的特点三部分。

第一节　水平井的应用

一、低渗透油藏开发中的水平井技术应用

（一）低渗透油藏的定义及分布

低渗透是一个相对的概念，其定义标准和界限会随着科研认识的不断深化和科学技术的不断进步而不断演变。一般认为，低渗透油藏是指仅靠常规开采技术难以实现高效、经济和广泛开发的储层，包括低渗透砂岩、碳酸盐岩、火山岩储层等，其核心措辞是"常规技术难以开发"，只有使用"特殊刺激技术"才能有效开发。综合国内外低渗透油藏的开发与实践，将低渗透油藏分为三类，即平均低渗透油藏、特低渗透油藏和超低渗透油藏，如表 1-1 所示。

表 1-1　低渗透油藏的分类标准

低渗透油藏类型	渗透率 / ($\times 10^{-3} \mu m^2$)	
	油	天然气
平均低渗透油藏	1.0 ～ 10.0	1.0 ～ 5.0
特低渗透油藏	0.5 ～ 1.0	0.1 ～ 1.0
超低渗透油藏	＜ 0.5	＜ 0.1

我国低渗透油藏资源储量丰富且分布较广，多分布于大庆、辽河、新疆、长庆等石油集中开采地区，储层结构复杂多变，原油品质优劣不一。从分布层位来看，80%以上的低渗透油藏资源分布在中新生代陆相地层中，开采难度颇大，技术要求较高。

（二）低渗透油藏类型划分

储层渗透率是定义储层类型的一个重要参数，不同国家对低渗透油藏储层渗透率的划分界限各有不同，比如，美国将渗透率不大于 100 mD（1 mD=0.987×10^{-3} μm²）的油藏称为低渗透油藏；苏联将渗透率范围在 50 ~ 100 mD 的油藏称为低渗透油藏；我国则将渗透率低于 50 mD 的油藏称为低渗透油藏。低渗透是指储层渗透性能低、允许流体通过能力差，也有国外学者将低渗透油藏称为致密储层。

根据目前低渗透储层岩石类型统计数据来看，低渗透储层的岩石类型主要包括灰岩、砂岩、粉砂岩以及砂质碳酸岩。但根据现有的低渗透油藏储量以及全球分布范围的总体数据来分析，其岩石类型主要以砂岩为主。根据分类依据的标准不同，诸多学者在对储层类型进行划分上存在一定差异。本书以渗透率为参考标准，结合微观构造参数、比表面积、储层变异系数、驱替压差等参数，将低渗透储层类型具体划分为以下 6 种。

①Ⅰ类一般低渗透储层：中孔、中细组合型的储层，储层渗透率范围在 10 ~ 50 mD。

该储层的主要特点：平均主流喉道半径相对较小，孔喉配位较低，储层所需驱动压力较低，开采难度相对较小。

②Ⅱ类特低渗透储层：中孔微喉、细喉组合型的储层，储层渗透率范围在 1 ~ 10 mD。

该储层的主要特点：平均主流喉道半径较小，孔隙几何构造差，相对分选系数好，孔喉配位较低，比表面积较大，渗流阻力较大，驱动所需压力相对较高，储层参数值较低，开采难度相对较大。

③Ⅲ类超低渗透储层：小孔细、微喉组合型的储层，储层渗透率范围在 0.1 ~ 1 mD。

该储层的主要特点：平均主流喉道半径小，孔隙几何构造差，相对分选系数好，孔喉配位较少，比表面积大，渗流阻力大，需要更高的驱替压力，开采的难度较大，剩余油含量较高，储层开采程度较低。

④Ⅳ类致密储层：储层渗透率范围在 0.01 ～ 0.1 mD，储层表现出较强亲水特性，储层开采程度较低。

⑤Ⅴ类非常致密储层：储层渗透率范围在 0.000 1 ～ 0.01 mD，储层表现为中值压力很高，属于低渗透储层非常差的一类。

⑥Ⅵ类裂缝 - 孔隙储层：该类储层特征主要表现为通过人眼直接观察根本看不出裂缝存在，储层呈现高致密性特征。

为了使低渗透储层中渗流规律特征得到全面体现，有学者通过大量室内物理实验进行研究分析，发现不同渗透率储层的启动压力梯度变化的数量级有所不同，且渗透率的变化与启动压力梯度的变化呈现负相关关系，因此，以启动压力梯度变化率数量级为参考标准，对储层进行分类，具体划分形式如下。

①Ⅰ类储层：渗透率范围在 8 ～ 30 mD，启动压力梯度变化率数量级为 10^{-4}。

②Ⅱ类储层：渗透率范围在 1 ～ 8 mD，启动压力梯度变化率数量级为 10^{-3}。

③Ⅲ类储层：渗透率范围在 0.1 ～ 1 mD，启动压力梯度变化率数量级为 $10^{-2} \sim 10^{-1}$。

当渗透率大于 30 mD 时，储层启动压力梯度不会再出现明显变化，流体在储层中流动的过程将遵循达西渗流定律。因此，将渗透率 30 mD 定义为低渗透储层渗透率判定上限。

根据我国现有的石油与天然气开采、开发技术，渗透率在 0.1 mD 以下的低油藏理论上可以实现开采，但是不具备商业开发价值。同时单独参考渗透率大小这一单一的影响因素还无法确定油藏是否具有开采可行性，在考虑储层渗透率的同时还必须综合考虑储层厚度、地层储量、含油饱和度、储层压力、原油黏度等重要指标。我国低渗透油藏数量较大，分布方式具有以下几个特点。

第一，低渗透油藏分布区域众多，在我国东部地区，中部地区以及西部地区都有其存在。东部地区以砂岩油藏以及火山岩油气藏为主；中部地区以砂岩油气藏以及海相碳酸盐气藏为主；西部地区以砂砾岩、火山岩油气藏以及海相碳酸盐岩油气藏为主。

第二，在低渗透油藏中，特低渗透油藏以及超低渗透油藏占比较高，且大部分是以砂岩油气藏为主，数据表明，我国砂岩类低渗透油藏约占低渗透油藏总数量的 60% 以上。

第三，国内各地区油气田统计数据表明，我国低渗透油藏主要为中深埋藏，约占我国低渗透油藏总量的 79% 左右，其中储层埋深小于 1 km 的油藏数量约占油藏总数量的 5%；其中储层埋深在 1 ~ 2 km 范围内的油藏数量约占油藏总数量的 43% 左右；储层埋深在 2 ~ 3 km 范围内的油藏数量约占油藏总数量的 36% 左右；储层埋深不小于 3 km 的油藏数量约占油藏总数量的 15% 左右；低埋深藏以及高埋深藏较少，约占我国低渗透油藏总数量的 21% 左右。

（三）低渗透油藏的开发现状

全球约 38% 的油气资源分布于低渗透油藏之中，如何高效合理地规模性勘探开发低渗透油藏一直是各国着重关注的前沿课题。低渗透油藏不仅能够在一定程度上缓解当下石油资源紧缺的问题，同时对于经济的可持续性发展和未来能源的突破性改革具有重要战略意义。

1995 年，安塞（Ansai）低渗透油田投入工业开发，标志着我国正式进入低渗透开发时代。经过不断努力，我国低渗透资源的勘探取得了一些重大成就，特别是近 20 年来，我国发现了大量的低渗透资源。随着开发技术的研究创新和对低渗透油藏认识的深化，一系列低渗透油田开发技术逐步发展与完善，使低渗透资源得到广泛有效的开发。

近年来，微生物采油技术（MEOR）逐步应用到了低渗透油藏的开采过程中，被用来促进和提高油藏产量。功能微生物及其营养物质随注入液通过注入井一同注入油藏中，注入储层的微生物和营养物质能够刺激一系列产品的原位生产，如生物表面活性剂、气体、聚合物等，这些产物可直接作用于油藏环境，既能改变低渗透储层复杂构成，又能改善原油质量。

纵观全球的采油技术发展历程和我国的采油发展现状，微生物采油技术率先在欧美等发达国家的油田工艺开采中得到了应用，我国处于相对落后的阶段，理论储备不完善且项目经验不足，尚未形成完整的研发应用体系，目前仅是将辅助性开采技术应用到油田开采过程中。

（四）低渗透油藏主要特征

目前，世界各国对低渗透油藏的开发、探索以及研究已经有了一定的成果，并在某些方面已经取得突破性进展，对低渗透油藏特性已经有了大致的了解，但低渗透油藏的有效开发依然是石油工业发展的一项难题，其主要原因是低渗透油藏特点较常规油藏具有很大的特殊性，主要表现为以下几个方面。

第一，低渗透储层主要以小、微孔隙以及细、微细喉道为主，具有平均孔隙直径、平均喉道半径小但比表面积大的特点，导致储层渗透率较小，在开采过程中主要表现为渗流阻力较大、流体发生流动所需压力较大，流动不易流动等显著特征，这也是造成低渗透油藏开发难度较大的一个主要原因。

第二，低渗透储层因其孔喉狭窄、比表面积大以及分子作用力大等特性，使其流体在储层中流动过程中不再遵循达西渗流定律，且有着启动压力梯度的存在。大量现场数据及实验数据表明，渗透率越小，储层动用需要的启动压力梯度则越大。

第三，低渗透储层由于其层间、层内的强非均质性，导致流体在储层中流动过程中渗流阻力较大，储层边、底水基本不活跃，弹性能量很小。除去少数的高压驱替区块，普通低渗储层在弹性阶段采出程度极少，一般在 1%～2%，通过溶解气驱方式进行开采的效果也不明显。通过消耗储层本身的天然能量进行开采的效果则更加不尽如人意，地层压力在自然开采过程中下降速度十分明显，油田产量无法得到有效保证。

第四，低渗透储层基本不能实现自然生产，即使能够部分实现，其产能也很低。低渗透储层吸水效果极差，导致注入水渗入油层的速度缓慢，地层压力上升速度较快，启动压力较高，无法保证有效注水压差，生产终止，多数油田不得不改变注水井注入方式，由持续性注水转变为间歇性注水，以保证注水井压力能够维持在有效范围，尽量减少关井停注的事件发生。

第五，现场实际生产数据以及大量的室内物理模拟实验表明，低渗透油藏开采过程中都存在一个普遍的现象，即水驱前缘位置到达采油井后，如果不改变注采井间的生产压差，相同时间段内油井产油量下降幅度会十分明显，在中高渗层中，这种现象则不十分明显。

（五）水平井技术在低渗透油藏开发方面的应用

1. 水平井轨迹优化调整技术

低渗透储层具有储量丰度低、物性差、裂缝发育、非均质性强等特点。有研究者针对油藏开发选择的技术难点，提出了三项特色技术，即井位优化技术、轨迹优化设计技术以及三维地质建模技术。井位优化技术以沉积相和成岩相研究为核心，以储层综合评价为核心，在低渗透储层中找到水平井开发的"甜点"。轨迹优化设计技术的核心是确定纵向的主要贡献区间。同时引入三维地质建模技术，确定三维空间中主要贡献层的分布，解决低渗透油藏轨迹设计难的问题，确保水平井遇到更好的油层。

2. 水平井注采井网优化技术

有研究者利用油藏非线性渗流数值模拟技术，结合现场实际，采用井网优化设计方法，提出了基于纺锤形压裂和五点井网的水平井注采模式。行距的确定主要基于低渗透储层的流体渗流模式，不遵循达西定律，具有非线性渗流特性。同时根据非线性渗流理论，确定了极限驱井距和有效驱井距。研究结果表明，纺锤形五点井网在相同含水率下具有单井产量高、采收率高等优点。

3. 水平井分段压裂技术

低渗透油藏一般为块状砂体块状油藏，大规模开发平面砂的水平井分段多簇压裂技术已被证明适用于该类油藏。大部分油藏地区为多层薄砂体、窄砂体的油藏，开发薄夹层的水平井射孔压裂技术已被证明适用于该类油藏。水平井钻井和体积压裂已被证明是可以显著增加储层接触的有效增产方法，并已应用于低渗透到超低渗透储层的开发。对于致密储层，水力压裂通常会导致高度复杂的水力网络。了解水力压裂对油井性能的影响非常重要。一些研究者使用井压瞬态分析和速率瞬态分析的半解析解来确定不同水力压裂的流入性能。有研究者针对大部分低渗透油藏地质特征，提出了以水平井钻井和体积压裂为基础的水平井分段多簇压裂技术，实现了从两翼规则扩张的分段压裂技术向多条裂缝成簇、扩大与储层接触体积的分段多簇压裂技术过渡。除了这些技术外，渗吸采油技术在超低渗透油藏和致密油藏的开发中也发挥了积极作用。

二、薄油层油藏开发中的水平井技术应用

（一）三维绕障防碰邻井技术

浅薄油层区块一般为老区块，已打的开发直井、定向井、水平井数量多，设计井周围井网密集，防碰难度大，防碰邻井套管至关重要。一旦不小心把邻井套管钻漏，则很容易造成两口井报废，那么就会给钻井公司造成不可估量的损失。因此在定向造斜时要采取三维绕障施工。

在具体施工中，我们在防碰问题上要非常谨慎小心，主要可采取以下措施：第一，在设计时就将其周围的井与设计井进行防碰扫描，根据扫描结果确定出重点防范井，以便在实际施工中加以重点防范；第二，在钻井施工过程中，随时将实际井眼轨迹与周围井进行防碰扫描，随时确定出实钻井眼轨迹与周围井在同深度位置上的空间距离。一旦发现这个距离小于 5 m 时，就需要采取绕障措施；第三，在实际施工中，我们可利用无线随钻仪器对其周围的磁场强度进行实时监视，

一旦发现磁场强度有异常现象，说明仪器本身很可能距离邻井套管不远了，这时就应立即停止钻进，召集相关技术人员研究对策。

（二）精确井眼轨迹控制技术

井眼轨迹控制技术是水平井钻井技术的关键技术，水平井的井眼轨迹控制是水平井钻井中的关键环节。它的难点主要集中在着陆入窗技术和水平段的控制技术上。我们一般用随钻测量（Measurement While Drilling，MWD）系统进行定向段施工以提高中靶精度，用随钻测井（Logging While Drilling，LWD）系统进行水平段施工保证油层的钻遇率。

在实际施工中，我们可采用勤测量、勤计算、勤分析、勤预测、勤发现和勤调整的精确井眼轨迹控制技术。所谓勤测量，就是要尽量缩短测量间距，尽可能及时测出距井底最近点的井斜方位数据，从而及时掌握井眼轨迹的最新发展趋势。所谓勤计算，就是每测出一点数据后，就要及时进行计算，从而掌握距井底最近井段的井眼曲率，以便根据该数据准确预测测点以下未知井段的井眼曲率；所谓勤分析，就是每测出一点数据后，就要及时进行认认真真的分析研究，以便及时发现问题。所谓勤预测，就是每测出一点数据后，就要及时进行预测和对待钻井眼进行设计，以便及时发现目前井下钻具组合的造斜能力是否能够满足待钻井眼的设计造斜率的需要；所谓勤发现，就是根据测量、计算、分析、预测的结果，能够及时发现问题，从而能够及时解决问题；所谓勤调整，就是根据发现的问题，从实际情况出发，及时调整钻井参数、改变钻井方式和改变钻具组合，以达到满足待钻井眼轨迹设计需要的目的，从而确保实际井眼轨迹精确中靶。

水平井施工中控制好实钻井眼轨迹，使其准确无误钻达设计目标靶盒，是水平井施工成功的关键和标志。我们根据浅薄油层区块地层松软、造斜差的特点，通常会选用工具造斜能力较设计井眼轨迹曲率稍大的1.75°和2°的单弯中空螺杆。在实际施工中，我们根据造斜率的实际需要，通过平衡滑动钻井与旋转钻井的井段长度来获得需要的平均造斜率，由于该区块地层不稳定，岩性变化大，所以，有时也必须根据钻时地质人员捞出的砂样来判断正钻地层的岩性，并根据岩性的不同，需要采用不同的钻井参数，以获得需要的平均造斜率。只有这样才能使实钻井眼轨迹的井斜方位达到设计需要的井斜方位，从而使实钻井眼轨迹尽量接近设计井眼轨迹。

（三）水平井井眼净化技术

在水平井施工中，井眼净化问题是水平井能否顺利进行施工的最重要因素，它是水平井施工取得成功的重要保障。一旦井眼净化有问题，严重时会造成环空憋堵、井漏、沉砂卡钻和井壁坍塌等一系列复杂情况的发生，给钻井施工带来极大的危害。

浅薄油层区块地层埋藏浅，岩性主要以砂岩、砂砾岩为主，地层极为疏松，平均机械钻速非常快，再加上该区块下面管陶组砾岩的粒径非常大，这就给水平井施工的井眼净化技术提出了更高的要求。

在水平井中，井眼净化的任务和目的就是要将井筒内的钻屑清除干净，防止岩屑床的形成。由于在实际施工中我们不可能做到使井筒内彻底干净，一点残余钻屑都没有，因此，我们只能通过不断提高泥浆的携砂效果和尽量防止岩屑床的形成等措施来解决井眼净化问题。在水平井中岩屑输送机理的研究中，我们注意到，泥浆对岩屑颗粒的悬浮作用对提高泥浆的携砂效果和防止岩屑床的形成都具有非常重要的意义。提高泥浆对岩屑颗粒的悬浮能力，使岩屑颗粒尽量悬浮于泥浆中而不致接触下井壁，不仅有利于提高泥浆的携砂效果，而且很明显可使岩屑床形成的可能性降至最小。增加泥浆对岩屑颗粒的悬浮能力的主要措施是提高泥浆的凝胶强度、静切力和黏度。提高泥浆的凝胶强度的泥浆添加剂包括怀俄明土、某些聚合物增稠剂和一些不同的絮凝剂。同时，活动钻具包括旋转钻柱和起下钻也有助于岩屑颗粒在泥浆中的悬浮。

为了提高泥浆的携砂效果，我们可以采取以下措施。

1. 改善泥浆性能

①选用合适的泥浆类型。根据我们在浅薄油层区块钻定向井使用泥浆的经验，使用聚合物混油钻井液非常适合钻该区块的地层，在此基础上对泥浆性能加以改善，就可以钻该区块的水平井了。

②合理的泥浆性能设计。通常，在同一口井中，某一井段中的最优井眼净化参数不一定适用于另一井段。但是我们在进行泥浆性能设计时，为获得最佳井眼净化效果，可考虑使全井最关键井段即井斜角为40°～60°的井段的井眼净化问题最小。

③在井眼稳定性和其他方面允许的情况下，应尽可能提高泥浆密度，以增加泥浆悬浮钻屑的能力，这样做有助于井眼净化。

④加入包括怀俄明土、某些聚合物增稠剂和一些不同的絮凝剂在内的泥浆添加剂来提高泥浆的低剪切率黏度和凝胶强度，以改善层流条件下的井眼净化能力。

⑤保持恰当的泥浆流变性。强化固控设备保证四级净化，确保固控设备的使用率，降低钻屑固相含量，有利于泥浆流变性的控制。

2. 提高泥浆在环空中的流速和剪切速率

从水平井岩屑输送机理的研究中不难发现，岩屑输送在很大程度上是环空流速的作用，钻屑在井眼内向上输送时的流动形态取决于泥浆的悬浮特性和泥浆流速。因此，提高环空返速总会增加井口或移动中的岩屑浓度，从而能够改进井眼净化效果和降低岩屑床厚度。增大泵排量和钻具外径能够提高泥浆在环空中的流速和剪切速率。在地面机泵条件允许的情况下，现场采用两台 3 NB-1300 泵 Φ 170 mm 和 Φ 160 mm 双泵钻进，排量在 45 ～ 55 L/s，保证环空返速控制在 1 ～ 1.5 m/s。

3. 在不同井斜角的井段采用不同的泥浆流态

在井斜角低于 45° 的井段和冲蚀敏感性地层中，使泥浆在井眼环空内保持层流状态，并使泥浆的屈服值保持尽可能高，这样就能使泥浆在该井段产生最佳的井眼清洁效果。而在井斜角为 55° ～ 90° 的井段和坚硬地层中，采用紊流状态下的低黏度泥浆能够提供良好的净化效果。

为了防止岩屑床的形成和尽可能破坏岩屑床，我们可以采取以下措施。

第一，在泥浆中加入包括怀俄明土、某些聚合物增稠剂和一些不同的絮凝剂在内的泥浆添加剂来提高泥浆的凝胶强度和静切力，以提高泥浆对岩屑颗粒的悬浮能力，从而使岩屑颗粒尽量悬浮于泥浆中而不致接触下井壁。

第二，降低钻进速度，并大排量充分循环钻井液，使用好固控设备，尽可能使井筒内的泥浆保持干净，控制泥浆内的岩屑固相含量。

第三，尽可能多地活动钻具，包括旋转钻具和上下活动钻具，有利于岩屑颗粒在泥浆中的悬浮和泥浆携砂。

第四，定期短起下钻和划眼，能起到搅动钻屑并将其从井眼中清除的作用。

三、稠油油藏开发中的水平井技术应用

（一）稠油的定义与分类

稠油是在地质历史中，原油由于氧化作用，原油中的轻质组分散失而稠化，形成的一类沥青质和胶质含量较高、黏度、相对密度较大的原油，是一种开采难度大，技术要求高的非常规石油资源。国际上通常将稠油称为重油（Heavy Oil）或者沥青（Bitumen）或者沥青砂油（Tar Sands Oil）等。

在第一届国际重油及沥青砂学术会议上（加拿大，1976 年 6 月），专家们讨论并制定了稠油的定义及分类标准。通常认为，重油是指在原始地层温度条件

下脱气原油黏度范围为 100 ～ 1 000 mPa·s 或者在 15.6 ℃ 及 0.1 MPa 条件下密度为 934 ～ 1 000 kg/m³ 的原油。

在分类标准上，国际会议上最终为稠油定义了如下的分类标准。

①将重质原油和沥青砂油定义为，未经人为加工的生产于地下的石油或与其性质相近的液体或胶状体。

②黏度与密度是衡量其性质最重要的两个标准。

③重质原油的定义：在已经脱气的状态下黏度在 100 ～ 1 000 mPa·s 或在温度为 15.6 ℃ 及正常气压的情况下密度在 0.934 ～ 1 g/cm³ 的原油。

④沥青砂油的定义：在已经脱气的状态下黏度在 10 000 mPa·s 以上或在温度为 15.6 ℃ 及正常气压的情况下密度在 1 g/cm³ 以上的原油。

⑤如果无法定义油品黏度，则可将美国石油学会（API）重度值作为判定标准。

通常情况下，我们将稠油分为重油和沥青，而由于我国稠油与外国稠油在物理性质上具有较大不同，主要区别为：相同密度的稠油，我国稠油的黏度相对更高。我国通常把稠油划分为普通稠油、特稠油和超稠油三大类，如表 1-2 所示。

表 1-2 国内外稠油分类标准

国际标准			中国标准			
名称	第一指标 黏度，mPa·s	第二指标 密度，（60 ℉），kg/m³	名称	类别	第一指标 黏度，mPa·s	第二指标 相对密度，20 ℃，g/cm³
重油	100 ～ 1 000	934 ～ 1 000	普通稠油	I	50*（或 100）～ 10 000	> 0.92
				亚类 I -1	50*～ 100	> 0.92
				I -2	100*～ 10 000	> 0.92
沥青	> 10 000	> 10 00	特稠油	II	10 000 ～ 50 000	> 0.95
			超稠油	III	> 50 000	> 0.98

注：*指油层条件下的原油黏度；无*者指油层温度下的脱气原油黏度。

（二）稠油资源的分布

稠油是世界上储量最多的资源，无论是总储量还是未进行开采的储量，稠油都远大于普通原油。据美国石油学会（API）提供数据表明，重质原油和沥青砂油的总储量为 7 800 亿 t，每年可以进行开采的稠油储量则在 126 亿 t 以上。在世界未开采稠油的分布中，加拿大的未开采储量最大，约占全球的 46%；排名第二的是委内瑞拉，约占全球的 18%；排名第三的是俄罗斯，约占全球的 16%，美国与中国则分别排在第六与第七位。

加拿大作为全世界稠油储量最大的国家，其稠油大多分布在北部地区。其中阿尔伯塔省的稠油储量最大，约占全国稠油储量的 45%，萨斯喀彻温省的稠油储量居第二位，约占全国稠油储量的 30%。加拿大稠油的主要特点为埋地深度不深，所含砂粒杂质较多。

委内瑞拉作为全球稠油储量第二大的国家，拥有全世界最大的稠油储集地带。该地带位于奥里诺科，拥有超过 1 400 亿 t 重质原油和沥青砂油。俄罗斯的稠油主要分布在西伯利亚与伏尔加 - 乌拉尔盆地，其中西伯利亚拥有 880 亿 t 稠油储量，伏尔加 - 乌拉尔盆地拥有 145 亿 t 稠油储量。

在美国，稠油的储量与沥青砂油的储量各有 100 亿 t。其中加利福尼亚的稠油储量最大，约占全美的 37%，阿拉斯加的稠油储量次之，约占全美的 28%。在美国，不同区域稠油资源的埋藏特点截然不同。在加利福尼亚，油田面积大但普遍稠油含量偏低，而在阿拉斯加，稠油则大都埋在 0℃ 以下的土壤环境中，这些都增加了美国开采稠油资源的难度。

在中国，稠油资源重点分布在胜利、辽河、河南、新疆等油田。在已探明的九个大型盆地及其他小型盆地中有超过 40 亿 t 的储量。与国外的稠油资源相比我国的稠油埋地较深，品质较差，含砂量较高。这些都对我国的开采及处理技术提出了更高的要求。

（三）水平井技术在稠油油藏开发方面的应用

1. 新型滤液控砂管技术

新型滤液控砂管技术是水平井开发中非常关键的技术，也是一种水平井裸眼完井技术。该技术具有使用简单、操作方便、使用费用相对比较低的特点，同时也能够最大限度提升稠油开采效果。在传统的稠油开采过程中，采用单一的裸眼完井技术容易受到阻力的影响，难以实现均衡热采采油目标，在进行采油时，采油工艺对采油效率起着至关重要的作用。所以，在油藏热工艺施工中，也应该注重对其工艺进行全面的设计，传统稠油开采工艺存在一定的难度，有研究者在此基础上提出了滤液控砂采油技术，滤液控砂在采油技术应用过程中，主要是为了实现井段油层的贡献率平衡，从而方便日后的开采。

在实际的稠油开采过程中，新型滤液控砂管技术就是在采油井中增加滤液控砂管，采用滤液控砂管，能够实现稠油的快速开发。同时，要求做好螺旋槽的设计，通过螺旋槽的应用能够增加流入油管的液体流量，可最大限度提升开采效果。另外，该技术还具有管道截面尺寸优化、油层压力均衡的特点，可确保隔断油层贡献率平均，从而实现油田的平均开采。

2. 分段射孔完井技术

分段射孔完井技术也是一种新型的石油开采技术，对于现代化石油开采有非常积极的作用，可在一定程度上提升石油开采质量。该技术将套管放入油气层底部，并且注水泥进行固井，固井完成之后，会采用射孔技术实现油层和井眼之间的连通，通过二者之间的有效连接，确保石油开采更加积极有效。该技术的主要影响因素是井底水，因此在其工艺实施中很有可能受到井底水的影响，形成不平衡开采问题。

在使用该技术时，可以采用分段技术进行不平衡状态控制，应用分层封隔技术对稠油进行分层开采。采用封隔装置进行封隔处理，能够提升分段射孔完井技术的应用效果。

3. 水平井压裂技术

稠油油藏热采应用过程中还包括水平井压裂技术的合理应用，该技术适用于稠油开采，同时也能够实现良好的开采效果。水平井分段压裂技术是水平井工作过程中非常重要的技术，对于稠油开采有非常重要的作用，压裂液高速通过射孔孔眼进入储层时会产生孔眼摩阻且随泵注排量的增加而增大，带动井底压力的上升，当井底压力一旦超过多个压裂层段的破裂压力，即在每一个层段上压开裂缝，它要求各个段破裂压力基本接近，可用孔眼摩阻来调节。在水平分段压裂技术的实施过程中，压裂技术的合理实施，能够在一定程度上提升稠油的开采效果。

如在实际的稠油开采过程中，遇到薄储层、低渗透以及稠油气的储油层时，传统的稠油开采工艺将会受到一定的影响，其开采效率急剧下降，因此在实际的稠油开采过程中，合理的技术能够提高单井的油井产量，并且其具有穿透度大、储量运动程度高的特点，对于稠油开采环境的优化提升也有非常重要的作用。在水平井压裂技术的实施过程中，套管－水泥环－地层系统是非常重要的系统应用，对于整个压裂技术的实施有非常重要的影响，并且在当前压裂技术的实施过程中，还需要针对压裂技术进行合理的控制。在整个技术的实施过程中，整个系统受到的应力都会发生变化，都会受到裂缝间距的应力变化影响。

4. 中心管变密度打孔均衡采油技术

中心管变密度打孔均衡采油技术也是一种稠油油藏采油技术，该技术主要应用的是均衡采油原理。在中心管变密度打孔均衡采油技术的应用过程中，起到主要作用的是打孔中心管以及预充填筛管组合。预充填筛管组合的应用能够提升石油筛选的应用效果，确保其技术的应用更加合理。

在该技术的应用过程中，应该注重对其工艺进行综合应用管控，通过对其流压力的良好控制，实现对其技术的综合创新分析，在进行流动压力分析时，油层也容易出现漏砂的问题，因此在进行技术处理时，要求在稠油油藏开采过程中，设置好均衡动用目标。

四、复杂断块油藏开发中的水平井技术应用

（一）断块油田概念

在复杂断块油田的研究开发过程中，对其地质概念的认识理解多种多样，但一直没有明确的系统的解释。经过近些年的讨论研究，相关专家以及科研人员对复杂断块油田确定了相对统一的认识和解释，明确了其地质概念等，认为应该从三个方面来理解复杂断块油田，并以此作为行业标准来衡量判别油田类型。

首先，确定断块油藏的地质概念。断块油藏是指在其地层上倾方向上被断层切割阻挡形成圈闭的油藏类型。

其次，明确对断块油田地质概念的认识和理解。一般来说，断块油田是指以断块油藏为基本单元构成的油田，它是断块油藏受构造成因控制作用所形成的集合群体。

最后，明确统一标准来衡量判别复杂断块油田。专家一致认为：若断块油田中含油面积小于 $1 km^2$ 的断块油藏的地质储量占油田总储量的比例在 50% 以上，则称这样的断块油田为复杂断块油田。

（二）基本地质特点

第一，断层数量多，断块数量多而规模小，构造面貌破碎。主断裂控制下的多种级别断层构成的复杂断裂系统，把油田分割成众多具有封闭性、规模较小、组成形态和成因各异的断块油藏群体，从而形成断块油藏。

根据油田实际勘探开发资料等可知，一个复杂断块群油藏分布区发育的不同级次的断层数量总共可达上百条至二三百条以上，纵横交错的断层可将油田分割成一二百个断块，且面积大于 1 km² 的断块数量不多，甚至很多断块面积小于 0.5 km²。例如，东辛油田中有二级断层 4 条、三级断层 52 条、四级断层 196 条，这些断层把油田分割成 195 个断块，其中含油断块有 128 个，含油面积大于 1 km² 的断块有 24 个，面积小于 0.5 km² 的断块有 77 个。

第二，含油层系多但储量集中，侧向油层分布受断块局限，断块油藏之间含油气富集程度差异大，油水关系复杂。复杂断块油田无论含油层位、油层数量等都存在差异，油层分布都有一定规律，即油层在纵向上深度范围比较大，通常一个断块发育多套含油层系，但在侧向上单一油层分布范围较小，明显受断层局限。另外，复杂断块油田断块间含油层位不一致、含油贫富差异大，且断块油藏各有独立的油水系统。

第三，储层物性、原油性质、产能差异大。以东辛油田为例，主力含油层系以中、高渗透为主，但层间渗透性具有明显差异，岩心分析空气渗透率在 0.16 ～ 6 μm²。断块间、层系间原油性质变化较大，地层原油黏度在 1.8 ～ 63.2 mPa·s 范围内变化，故而油层产能也有很大差距。

第四，油藏类型多、天然驱动方式和能量差别大。根据圈闭类型可将油藏划分为断块油藏、断层遮挡岩性油藏、岩性油藏和小型构造油藏，还可以根据断层组合及油藏形态等将断块油藏进一步划分为封闭型断块油藏、半封闭型断块油藏等。此外，断块油藏的天然能量等也有较大差别。

（三）水平井技术在复杂断块油藏开发方面的应用

1. 水平井井网

水平井具有泄油面积大的优势，近年来在断块油藏开发中的应用也越来越多。水平井的穿透距离远，因此布井方式与常规油藏有所区别。

（1）正方形水平井井网

我国学者建立了水平井五点法井网的有限元模型，模拟结果显示，虽然水平井五点法井网较直井井网略有改善，但是最终采收率提高程度并不明显。还有学者基于稳态渗流场模型，推导研究了双井底与四井底的水平井井网条件下，油气产能、油藏压力、渗流速度、油井无水采油期以及注水开发波及等参数的计算公式，并给出了水平井与直井的混合井网组合形式下油气在多孔介质中渗流问题的求解方法，模拟计算了水平段的流场渗流速度分布。

（2）其他形式的水平井井网

国内外学者也对其他形式的水平井井网进行了研究。有学者运用椭圆函数进行保角变换，计算了水平井整体井网渗流的解析解。还有学者通过研究直井采油、水平井注水和直井注水、水平井采油两种组合井网在不同条件下的开发规律，分析了水平井与有效厚度、直井夹角、油水黏度比、渗透率、水平井段长度、直井完井井段等因素与注采井距的关系，找到了合理的井网组合形式。研究指出水平井采油、直井注水的井网组合方式可以更充分地发挥直井和水平井的双重优势，极大地提高复杂小断块油藏的采收率。更有学者针对边底水驱动的油藏，结合镜像与叠加原理进行了水平井井网产能计算与优化。

从国内外研究情况来看，合理井网对断块油藏的高效开发具有重要作用。目前关于直井井网的理论与认识已经较为成熟，但是关于水平井井网，特别是不规则布井的水平井井网的研究还不系统，需要进一步加强。

2. 开发方式与转注时机

断块油藏由于受不同级别断层切割和断层组合形式的影响，断层开启程度差异很大，不同断块的天然能量大小不同。

对于分布在构造翼部的开启型扇形断块油藏，构造比较简单，与广阔的水区相连，边水体积为油体积的数十倍甚至上百倍，天然能量充足，此时要充分利用天然能量进行开采。对于分布在构造翼部的断裂复杂过渡带及地垒内的半开启型断块油藏，由于天然能量不足，需要人工补充驱油能量，一般采取边缘注水和边外注水效果较好。

对于异常高压的断块油藏，要充分利用弹性能量，提高开发效果。这类油藏一般埋藏比较深，砂体周围被泥岩所封闭，局部被断层切割遮挡，基本没有边水。原始油藏地层压力系数高，地饱压差大，弹性能量比较充足，属纯弹性驱动油藏。在开发初期可以采用弹性能量进行开发，在合适的时机再转入注水开发。

对于封闭型断块油藏和虽有边水但体积小、不活跃的断块油藏，要采取早期注水保持压力的开采方式。这类断块油藏的地质结构特点决定了它们天然能量不足，在试油试采阶段和开发初期的动态反映是地层压降大、产量递减快。如果能采取早期注水开发，及时补充地层能量，使地层压力高于饱和压力，油层性质和原油性质不发生变化，渗流阻力小，能量充足，开发效果会较好。

五、天然裂缝气藏开发中的水平井技术应用

火山岩气藏作为一个新的勘探开发领域，其天然气资源丰富、勘探开发前景

广阔。但与常规砂岩气藏相比，火山岩气藏储层具有较为复杂的储渗模式，发育孔、洞、缝多重介质，从而决定了火山岩储层的物性差、渗流机理复杂、开发难度大，仅采用垂直井的开采方式，储层的有效动用程度低。近年来，水平井开采技术在气藏开发中的应用越来越广泛，但是水平井开发气田通常存在气藏出水和气井产水的问题。火山岩气藏普遍发育底水且气水关系复杂，极易发生水侵，影响气井生产。同时火山岩气藏天然裂缝较为发育，对提高气藏产能有重要影响。因此，下面以火山岩气藏为例，分析天然裂缝油藏开发中的水平井技术应用。

（一）天然裂缝特征

在漫长的地质运动过程中，天然气储层岩石由于内聚力的改变而破裂，形成了天然裂缝。下面通过对某气田火山岩储层地质特征的分析，将该区域天然裂缝按照裂缝倾角大小和裂缝宽度分别进行分类，分类结果如表1-3所示。

表1-3　天然裂缝分类

分类标准	类别				
裂缝倾角大小	水平缝	低角度缝	斜交缝	高角度缝	直立缝
	$0 \sim 10°$	$10° \sim 30°$	$30° \sim 60°$	$60° \sim 80°$	$> 80°$
裂缝宽度	巨缝	大缝	中缝	小缝	微缝
	≥ 100 mm	$10 \sim 100$ mm	$1 \sim 10$ mm	$0.1 \sim 1$ mm	≤ 0.1 mm

（二）天然裂缝对水平井产能影响的研究

火山岩气藏普遍具有渗透率低和非均质性较强等特点，导致了单口井产量迅速下降。多裂缝水平井能够有效地解决这个问题，但由人工裂缝、天然裂缝，以及在人工压裂过程中产生的次级裂缝组成的多级裂缝导致地层具有很复杂的渗流机理，双重孔隙介质结构使得气井产能更难被预测。为了确定具有单个或多个水力压裂裂缝的气藏的压力及产量，国内外学者已经进行了许多研究。

2010年，相关学者推导了含天然裂缝的等效渗流产能模型，但是由于天然裂缝系统被简化，应力敏感性等因素对渗流的影响未考虑，得到的产能模型适用范围有限。

2011年，有学者针对低渗透油藏，基于油水两相在三重介质（基质、天然裂缝、人工裂缝）中渗流特征的不同，建立了三维的压裂水平井产能模型，其中考虑了高速非达西、重力和毛管力作用，并分析了天然裂缝和人工裂缝各因素对产能的影响。

2014年，有学者针对火山岩气藏双渗透层压裂水平井流动的特殊性，考虑了裂缝中气体滑脱效应、启动压力梯度、应力敏感效应和紊流效应，基于等效流动阻力法和叠加原理，建立了一种新的火山岩气藏多向裂缝裸眼水平井产能预测方法。其他学者也在考虑气藏非线性渗流机理的基础上，利用不同的方法对双重孔隙介质气藏压裂水平井进行了研究。

2014年，还有学者利用双重介质模型，基于页岩气的吸附和渗流机理，推导了新的压裂水平井非稳态产能模型，该模型考虑了天然裂缝的应力敏感性，该模型的解通过摄动法和拉普拉斯（Laplace）变换求得。可知，天然裂缝应力敏感性影响气体渗流整体过程的产能。

2015年，有学者以等效渗透率张量理论为基础，得到了各向异性稳定渗流模型，通过建立离散势函数，最终得到了考虑天然裂缝影响的压裂水平井产能模型，该模型中人工裂缝可以取任意角度且导流能力有限。

2018年，有学者针对致密油藏，通过离散裂缝为微元段的方式，引入裂缝渗透率、渗透率张量和双重介质模型，得到了压裂水平井非稳态模型，该模型考虑了人工裂缝分布和形态的不规则性，以及天然裂缝和人工裂缝的多种压力敏感系数组合。

2020年，有学者考虑了微裂缝对流体流动的影响，建立了多裂缝水平井流动模型，预测结果与现场数据吻合较好，说明了微裂缝对油井产能的影响不容忽视。

2020年，有学者基于致密气藏水平井双重孔隙渗流理论，以圆形封闭地层为研究对象，综合考虑应力敏感性和启动压力梯度两种机理，建立了致密气藏水平井双重孔隙渗流模型。结果表明必须考虑致密气藏的启动压力梯度或应力敏感性。否则，在预测水平井初始产量时会产生较大偏差，影响决策。

六、致密油藏开发中的水平井技术应用

（一）国内外致密油藏开发现状

常规而言，致密油有广义和狭义之分。广义致密油，是泛指蕴藏在具有低孔隙度和渗透率的致密含油层中的石油资源，其开发需要使用与页岩气类似的水平

井和水力压裂技术。狭义的致密油，是指来自页岩之外的致密储层，比如，粉砂岩、砂岩、碳酸盐岩等储层中的石油资源。页岩油也有广义狭义之分，广义页岩油与广义致密油一致，两者交叉使用，只在细分致密油种类时，标明页岩油是致密油的一个亚类。狭义页岩油指来自泥页岩层系中的石油资源。国外致密油偏向广义，国内偏向狭义，专门指致密砂岩油。在美国能源信息署的报告中，基本将页岩油和致密油作为同样的概念使用。但报告同时也解释说，页岩层是低渗透致密层的一部分，除了页岩层，致密岩层还包括致密砂岩、致密碳酸盐岩等。美国油气界通常所说的页岩油产量，其实是更广泛的致密油产量，或者广义的页岩油产量。世界范围内的致密油藏开发展示出美好的前景，2006 年美国地质调查局预测其石油地质储量达 590×10^8 t，仅美国北达科他州和蒙大拿州的巴肯（Bakken）地层中致密油的技术可采储量就有（$4.2 \sim 6.1$）$\times 10^8$ t。2019 年，美国拥有致密油技术剩余可采储量 103.5×10^8 t，主要分布在特拉华盆地、米德兰盆地、美国湾岸盆地及威利斯顿盆地等。我国在 2010 年开始使用致密油的概念，目前松辽盆地、渤海湾盆地、鄂尔多斯盆、准噶尔盆地、三塘湖盆均发现了丰富的致密油资源。截至 2019 年，我国致密油地质储量约为 200×10^8 t、技术可采储量可达 20×10^8 t，2021 年仅胜利油田致密油探明地质储量就达 2.5×10^8 t。

我国致密油藏在开发初期试验过程中出现"注不进、采不出"的现象，致密油藏储层出现了注水无效循环，开发效果持续变差。而低渗、超低渗油藏开发成功模式中超前注水建立有效驱动系统的成功模式也难以应用到致密油藏。

注水吞吐在常规油藏的应用可以追溯到 20 世纪。20 世纪 60 年代，国内外学者对注水吞吐应用进行了研究，主要集中在碳酸盐岩、砂岩油藏的现场应用方面。早期注水吞吐应用于碳酸盐岩、砂岩油藏，学者根据各个油田应用情况总结出注水吞吐开发适用条件：原油黏度低、油层亲水、地层能量不足、裂缝发育、单井产量低、单井之间没有干扰、能保证能量不向外扩散。这样的井层注水吞吐后效果更显著。

特低渗油藏体积压裂后，储层形成具有高导流能力的裂缝网络，基质中的原油被置换到裂缝中。因此，渗吸置换作用是特低渗油藏注水吞吐的主要机理。

近几年为了研究如何提高致密油藏开发效果，探索有效能量补充方式，国内将注水吞吐突破性地应用在致密油藏的开发中，并且开展矿场先导实验，取得了显著的开发效果。其思路主要是致密油藏大规模压裂后，裂缝中的原油在注水压差作用下被驱替产生流动，随后焖井平衡一段时间。焖井期间裂缝与基质之间流体置换，使储层中的致密油藏的分布得到重新调整，随后开井降压采油。

致密油藏注水吞吐的研究逐年增多，我国在多个油田实施了注水吞吐试验，取得了一定效果。注水吞吐初期增油效果好，成为接替衰竭开采、补充地层能量的有效开发方式。但致密油藏注水吞吐开发效果的影响因素还不够成熟。

经过多年积极探索与技术攻关，大庆油田致密油试验区已经投产 10 个，达到了增加储量、提高产量的效果；新疆油田玛湖区块取得重大进展；长庆油田提出 Ⅰ + Ⅱ + Ⅲ 类储层开发主体技术，促使致密油单井产量显著。因此，合理开发方式的应用是我国致密油开发的重点研究课题。

（二）致密油基本概念

致密油的概念最早是于 1947 年在描述含油致密砂岩时提出的。2008 年至今，全球众多学者和机构在致密油概念的发展和完善过程中都做出了一定的贡献。在我国，"致密油"这一专业术语于 2010 年被初次提出，并将其定义为致密砂岩及致密碳酸盐岩等储集层中的石油。美国电子工业协会（EIA）于 2012 年从开采技术及储层特征层面对致密油的概念做出说明。当前，北美将致密油定义为分布在成熟烃源岩内、空气渗透率小于 1 mD、孔隙度小于 10% 且单井无自然工业产能的致密砂岩油藏及页岩油藏。

现今，我国关于致密油的概念还未达成一致，主要差异为致密油概念中包含页岩油与不包含页岩油两种。国内表述的致密油概念中认为致密油范围大，页岩油属于致密油的范畴。有学者指出致密油与页岩油显然不同，页岩油分布面积较小，页岩既可作为生油岩，又可作为储集岩，页岩油聚集机理包括烃类释放和烃类排出两个过程；而致密油分布面积较广，储存在砂岩、碳酸盐岩等其他致密储层中，成藏过程包括烃类初次运移及烃类聚集。为适应中国致密油资源勘探开发的需要，根据中国油气田的实际情况，国家质检总局于 2017 年 11 月发布了《致密油地质评价方法》（GB/T 34906—2017）。其指出：致密油是指储集在覆压基质渗透率小于或等于 0.1×10^{-3} μm^2（空气渗透率小于 1.0×10^{-3} μm^2）的致密砂岩、致密碳酸盐岩等储集层中的石油，或非稠油类流度小于或等于 0.1×10^{-3} μm^2/（mPa·s）的石油。同时储集层邻近富有机质生油岩，单井无自然产能或自然产能低于商业开发下限，但在一定条件和技术措施下可获得商业石油产量。总而言之，致密油概念可分为两种类型：广义与狭义，主要差异在于是否包含页岩油的范畴，其中广义概念包含页岩油，狭义概念不包含页岩油。如今，大部分学者通常都偏向于前者，将页岩油视为致密油的一类。

（三）致密油藏开发基本地质特征

致密油藏特殊的地质特征决定了其赋存条件、成藏机理及生产动态的差异性。对致密油藏地质特征的了解和认识是确定致密油"甜点"区、优化设计开发井网及优选工作制度等开发工作的基础，有助于取得良好的经济效益。致密油藏开发地质特征主要可分为致密油沉积背景、致密油烃源岩特征、致密油储层特征及致密油聚集特征四方面。

第一，致密油沉积背景。国内外具有相当规模的致密油大都处于一个相对较稳定的沉积构造背景及良好的保存条件下。

第二，致密油烃源岩特征。致密油烃源岩有机碳含量及热成熟度高，生烃潜力及分布规模较大。若烃源岩具有足够的油源，则在集中生烃过程中将形成兆帕级的超压作用，为致密油有效聚集成藏创造良好的物质基础与动力条件。

第三，致密油储层特征。致密油储层岩石类型多为砂岩、碳酸盐岩和混积岩等。致密油储层物性差，渗透率极低，细小且繁杂的孔喉结构导致排驱压力过高，而原油分子直径较大，一般介于 0.5 ~ 23 nm，因此孔喉（尤其是喉道）的大小、结构和分布是决定致密油储层渗流能力的关键。

第四，致密油聚集特征。致密油的聚集形式通常是典型的非浮力聚集形式，其运移聚集动力多为生烃过程中烃源岩的超压作用；运移阻力常为致密储层中细小孔喉导致的毛细管力，当致密油储层中毛细管阻力大于流体压差时，原油发生滞留聚集，二者相互作用共同决定油气聚集过程。

（四）致密油藏开发存在的问题

第一，由于致密油藏低孔低渗的特点，多轮次注水吞吐后，地层压力降低快，稳产比较困难。现有方法只考虑模拟裂缝扩展程度，难以描述扩展过程中发生的闭合作用。无法计算致密油藏天然裂缝扩展长度、识别和预防水窜。

第二，注水吞吐过程中注水诱导裂缝扩展经历复杂变化的过程，注入水在不同阶段发生驱替及渗吸作用的特征难以描述。亟须明确致密油藏注水诱导裂缝扩展的演变特征，认识裂缝扩展形成的动态缝网对流体流动的控制作用，揭示裂缝扩展、渗流规律与渗吸采油的关系。

第三，目前致密油藏水平井评价指标有注采井网、井距、裂缝参数、采收率、地层压力、生产油水比、换油率等开发指标，但未考虑裂缝扩展的影响及缝网中流体渗流特征等因素，评价致密油藏水平井注水吞吐开发效果的方法不成熟。

第四，常规油藏注水开发调整的主要方法有高含水井转注、加密新注水井、卡层补孔、调剖堵水、关停高含水井、不稳定注水等。目前低渗油藏转变开发方式主要有"缩小井距、改变液流方向"等，但不适用于存在复杂动态裂缝的致密油藏。

（五）致密油藏开发有效技术对策

鉴于致密油藏特殊的地质特征，必须实施一定的增产措施以实现其高效经济开发。目前，致密油增产技术主要以水平井钻井和体积压裂技术为核心，配合"井工厂"模式，达到提高终增产效率的目的。

1. 致密油钻井关键技术

现今，水平井钻井技术已发展为保证致密油勘探开发综合效益的必备技术，在国内外均已得到了广泛应用。美国威利斯顿（Williston）盆地巴肯（Bakken）组致密油约95%的开发井为水平井，国内的塔里木油田、大庆油田等10余个油田中水平井技术也得到了充分应用。水平井钻井的关键点在于保证水平井钻头在靶区内钻进，避免其偏离设计轨迹，从而提高有效储层钻遇率。在钻井过程中，配套使用导向钻井技术、随钻测井技术及微成像（MSI）系统等能够将井眼轨迹控制在靶区内，以保证钻井的有效性及储层钻遇率，提高井眼质量及钻井效率。

致密油藏大位移水平井钻井技术进步的同时，一系列前沿优化钻井技术也应运而生。比如，鱼骨井及双分支水平井钻井技术、随钻测井与旋转导向协同作业的导向钻井技术、将工程参数与地震技术相结合的一体化钻井技术等。同时，也发展出新型钻头、低成本钻井液等基础技术，为致密油藏高效开发奠定了基础。对于致密油藏的开发，不能仅依靠水平井技术进行开采，应结合其他技术进行增产改造以满足经济要求。国内外常采用水平井体积压裂改造工艺来改善储层渗流性能，提高水平井产能。

2. 致密油压裂关键技术

借鉴于体积改造理念应运而生的体积压裂工艺在致密油藏开发中有着不可替代的作用。体积压裂改造是基于分段压裂工艺，提高裂缝复杂度，大幅度增大基质与裂缝的接触面积。致密油藏通过水平井体积压裂改造能够有效沟通天然裂缝形成复杂缝网系统，改善基质孔隙的联通能力及流动效率，缩短基岩向各方向裂缝的渗流距离，降低驱动压力，最终增大储层有效动用率，提高采出程度。

体积压裂过程中形成的裂缝网络系统通常与注入的压裂液、支撑剂量等条件有关。压裂液及支撑剂用量较小且段间距及簇间距较大时,形成的裂缝较长,裂缝结构较为简单,发育的支缝较少,各压裂段形成的裂缝彼此之间基本无联系;当压裂液及支撑剂用量增大到一定程度时,体积压裂在垂直井筒方向的长度缩短,各压裂段发育支缝数量激增,形成复杂缝网系统。

因此,为保证体积压裂后油田产能有效提升,现在施工过程中更倾向于增大压裂液及支撑剂用量,同时缩短压裂段间距离、增加压裂段数,以形成有效渗流网络系统。常用的多段压裂施工工艺技术有水力喷射压裂技术、桥塞与射孔联作压裂技术、裸眼封隔器多级滑套压裂技术等。

另外,高速流道水力压裂技术在开发致密油藏方面极具潜力,其打破了传统水力压裂采用支撑剂增强导流能力进而使油井增产的理念。在近几年非常规油气藏压裂过程中,微地震动态监测技术也是一项关键性的技术。该技术可以对裂缝发育的方位、大小进行追踪和定位,从而为优化压裂设计及下一步开发提供有效的依据。

3. 致密油井工厂化作业技术

井工厂化作业模式为致密油藏的高效开发提供了前提条件,其核心理念就是利用系统化思想集中布井,满足工厂化钻井、压裂作业的要求,达到标准化井场建设、批量钻井、批量压裂的目的,以提高作业效率、缩短钻井及压裂作业周期,降低设备动迁成本。

其次,井工厂化作业集中布井在钻井液和压裂液的重复利用方面表现出很大的优势,能够降低作业成本,提高综合效益;同时,该布井方式也有利于工厂化压裂过程中裂缝扩展相互耦合,产生更复杂的缝网结构。然而,工厂化作业模式也存在一定的不足,主要表现为系统化作业对现场设备、技术和材料供应及配送的要求高,并且对三维水平井井眼轨迹控制难度大。

工厂化作业主要包括井工厂钻井技术和井工厂压裂技术两方面。井工厂钻井技术一般在井场优化部署的基础上,采用定制可移动式钻机钻丛式水平井组,实现快速高效批量钻井。而致密油储层的连续性特点为流水线的工厂化钻井模式提供了支撑。常见的两大与工厂化钻井作业相适应的井工厂压裂技术为同步压裂技术和拉链式压裂技术。其中,由于拉链式压裂技术在形成复杂缝网方面更具优势,因而具有较强的适用性。并且相较于同步压裂技术,链式压裂对设备及场地没有过高的限制,但不间断的作业方式使得对持续作业要求较高。

总体而言,目前水平井钻井技术、大规模体积压裂技术和井工厂化作业技术是实现致密油藏有效开发的三大核心技术。针对致密油藏的开发，也可借鉴这些高效开发技术对策，通过采用工厂化水平井钻井技术及工厂化体积压裂作业技术，保证致密油藏井场的标准化建设，提高油田的综合效益。

七、边底水油藏水平井的应用

（一）边底水油藏概述

边底水油藏具有一定的天然能量，在油田开发中占有重要地位，但在开采过程中，尤其是油田开采到中后期往往存在边底水锥进，造成油井水淹的问题。边底水油藏的无水采油期短，生产井见水早，含水上升快，同时剩余油分布复杂。20世纪初期，原生水和次生水的概念被提出，原生水包括边水、底水和顶层水。边底水对油藏开发效果有较大的影响，一方面，边底水为油藏开发提供天然能量；另一方面，边底水水侵会使油藏开发效果变差。边底水水侵时，会形成对压力敏感的锥形水体。边底水水侵的类型分为三类，第一类是边底水沿高渗通道侵入油层；第二类是边底水从油藏底部侵入；第三类是边底水由生产井侵入。重力作用是影响底水油藏开发的重要因素。边底水油藏顾名思义，是既存在边水又存在底水的油藏，它具有以下三个基本特征。

第一，底水锥进和边水内推导致油井过早见水，无水采油时间短暂。

第二，边底水油藏油水分布复杂，油井见水后，含水率上升快，产油量大幅度下降，严重时甚至会导致油井只产水不产油。

第三，边底水油藏中的剩余油多，但其分布形式多样且复杂，继续生产难度大，成本相对较高。

（二）边底水油藏水平井技术应用的建议

①通过 Eclipse 软件建立底水油藏水平井入流动态预测模型，研究水平井见水特征时，发现在常规射孔完井的条件下，底水脊进主要受井筒压力降的影响，根部的入流量大，使得油井过早见水，无水采油期较短，导致采收率下降。为此，可通过调节水平段的生产压差来均衡入流剖面，达到稳油控水效果。

②水平井在底水油藏的开发中还存在着水平段的井筒压力从远处的趾端到近处的跟端不断下降的趋势，导致油水界面呈现出脊进抬升现象。同时，在储层渗透率非均质性分布存在时，水平井段在高渗区域入流量大，底水容易突破，并抑制低渗区域的入流量，使得整个水平井段的入流剖面更加不均衡，降低了油藏的整体开采效果。

③随着地层原油黏度、渗透率垂向和水平各向异性的增加，水平井含水率上升加快，见水时间缩短，无水采油期和累计产油量逐渐减小。

随着绝对渗透率、水平段长度和避水高度的增加，能够显著地降低油井的综合含水率，底水突破所需的时间也明显延长，最终能够提高水平井的总产油量。将影响程度由大到小排序：绝对渗透率，地层原油黏度、避水高度、渗透率各向异性、水平段长度、水体大小、储层渗透率非均质性。

④考虑水平井完井表皮和井筒变质量流动的影响，建立水平井在常规射孔完井方式下的油藏－井筒耦合流动产能预测模型，来计算水平井筒各段的压力与流量的动态关系。在此基础上建立水平井分段变密度射孔完井、中心管完井和 ICD 完井的产能模型，对不同完井方式下井筒压力及入流量分布进行研究和预测。

⑤基于不同的控水完井方式调节生产压差来均衡入流剖面的原理，分别建立底水油藏水平井分段变密度射孔完井、中心管完井和 ICD 完井的产能计算模型。对于各类控水完井方式均能起到延缓底水脊进、稳油控水的效果，产能模型为底水油藏水平井控水完井方式的评价与优选提供了理论基础。

⑥结合水平井产能模型与经济模型，根据水平井的产能、经济效益、技术可行性等指标进行多目标决策，对控水完井技术进行适应评价，来确定最佳控水完井方案，为底水油藏的高效益开发提供理论指导。

第二节　水平井的分类

水平井根据曲率半径的大小可分为：长半径水平井，设计井眼曲率小于 6°/30 m 的水平井；中半径水平井，设计井眼曲率为（6°～20°）/30 m 的水平井；中短半径水平井，设计井眼曲率为（20°～60°）/30 m 的水平井；短半径水平井，设计井眼曲率为（60°～300°）/30 m 的水平井；超短半径水平井，井眼从垂直转向水平的曲率半径为 1～4 m 的水平井。另外，水平井按水平段特性和功能可分为阶梯水平井、分支水平井、长水平段水平井、鱼骨刺水平井等，本书按水平段特性和功能将水平井进行大致分类。

一、阶梯水平井

（一）阶梯水平井概述

阶梯水平井具有设计靶点多、钻进摩阻较大等特点，多用于对地质条件较为了解的老区块，对于挖潜剩余油，提高采收率有极高的价值。阶梯井的设计主要集中在两种类型的油藏：多层薄油藏和断块油藏。

1.多层薄油藏阶梯水平井使用情况

薄油藏是指油藏油层厚度在 1 m 左右（最薄可至 0.5 m 以下），油层层数多或单层地质起伏大的油藏。开发这种类型油藏的阶梯水平井多在大庆外围老区块、部分海洋钻探和新疆地区。

薄油藏阶梯水平井造斜段多为中曲率半径，以大庆敖南油田为例，其剖面类型为"双增双稳＋阶梯段剖面"，即直井段—第一造斜段—稳斜段—第二造斜段—着陆段—第一水平段—降斜段—稳斜段—增斜段—第二水平段。这类阶梯水平井设计会在水平段前加入着陆段来进行调整，着陆段井斜角控制在 85° ～ 86°，防止提前着陆。在进入阶梯段前，井眼轨迹控制在油层下部，以减少阶梯段垂降。这类阶梯水平井对于轨迹控制要求极高，往往需要轨迹控制精度在 0.5 m 左右，而通常轨道起伏变化会导致轨迹控制困难和摩阻较大，水平段大多在 500 m 以内。

特别是针对超薄油层阶梯井，当垂降较小时，还需在第一水平段末端将轨迹控制在油层顶部来减少阶梯段的钻进损失。而在轨道设计时还应该考虑第二阶梯段探油顶角度的大小。如表 1-4 所示。

表 1-4　阶梯水平井在多层薄油藏中的应用

井名	阶梯段垂降 /（m/m）	油层厚度 /m	所属地区	备注
肇 53- 平 37	8.98/100	0.4 ～ 0.8	松辽盆地	超薄油层阶梯井
东河 1-H3	/	1 ～ 2	塔里木盆地	超深阶梯井
HD1-27H	5/100	0.6 ～ 2	塔里木盆地	—
敖南 242- 平 317	9.56/100	小于 1	松辽盆地	—
哈浅 1- 平 1	5.81/100	靶半径 0.5	准噶尔盆地	浅层阶梯水平井
南 246- 平 309	8.77/100	0.6	敖南油田	

适合使用阶梯水平井开发的多油层油藏通常油层厚度低，因此对阶梯水平井的入靶要求极高，阶梯段落差一般在 15 m 左右，垂位比通常在 10 ~ 100 m。薄油藏阶梯水平井施工技术难点：①油层多且薄，油层顶界深度与预测值可能存在误差；②对于超长裸眼、阶梯式水平井，下部井段轨迹控制和钻井安全保障都有困难；③钻压施加困难，多次起下钻还会带来键槽卡钻问题。

2. 断块油藏阶梯水平井使用情况

胜利油田和中原油田在部分区块的断块油藏开采中使用过阶梯水平井，而这一类阶梯水平井因其特点垂深垂降均较大，水平段较长，阶梯段跨距较大。对于水平段位移在 1 000 m 左右，断层落差在 50 ~ 150 m 的阶梯水平井，往往被称为大跨距阶梯水平井。这一类阶梯井在钻进过程中，摩阻会成为水平段延伸长度的主要制约因素。

（二）国内外研究现状

阶梯水平井是在常规水平井基础上发展起来的一种特殊水平井，是指在一口井眼中连续完成具有一定高度差的两个或者多个水平井段，形成具有两个或多个台阶的井眼轨迹来达到用一个井眼开采或者勘探两个或多个层叠状油藏、断块油藏的水平井。

现阶段国内阶梯水平井已得到广泛应用，仅 2007 年前后，大庆油田针对周边的外围区块，如油田肇州、敖南区块进行了 50 多口的阶梯水平井钻探。以敖南油田为例，由于其所属区域油层以单层有效厚度小于 1 m 的薄层为主，砂体分布较稳定，隔层厚度小，油层较发育，因此适合阶梯水平井开发。但是在钻探过程中发现，由于技术套管中水泥块的剥落而导致定向阶段钻头蹩钻严重，工具面变化较大，不好控制。针对上述问题，造斜前进行了大排量洗井作业和划眼作业。为确保中靶精度和水平段的顺利施工，采用大井斜角和小造斜率进入 A 靶点。并在水平钻进时采用复合钻进，通过频繁测量地层位置参数来及时调整钻进方式。

中原油田针对其东濮凹陷白庙气田进行过阶梯水平井的钻探，钻探过程中出现了完井管柱下入过程无法旋转、下入难度大的问题。对此，根据不同管柱类型，分别从阶梯段剖面类型、井眼曲率及剖面参数的角度进行了研究和分析。

胜利油田的永 3 断块在钻进过程中出现因地层条件复杂而带来的携岩困难和轨迹控制困难的问题。哈浅 1 区块在阶梯井钻探过程中出现了因造斜点浅而加压困难和因岩屑在下井壁堆积成岩屑床导致起下钻困难的问题。在解决上述问题时，通过在井口加压装置并提高钻井液的携岩效果来应对。

冀东油田南堡区块在进行阶梯井钻探时，由于目的层油层薄，不仅面临钻压传递困难的问题，在裸眼段钻具摩阻大，特别是阶梯过渡段的轨迹控制也同样十分困难。对此，在设计时通过优化剖面设计和简化钻具组合相结合的方法来减小钻柱的摩阻和形成键槽的可能性，同时通过对钻头的优选来保证轨迹的圆滑并减小摩阻。阶梯水平井作为一种特殊的水平井，其理论基础要建立在常规水平井的研究上。

目前，国内对水平井轨道设计及轨迹控制技术做了大量研究，也取得了不少成果：①建立了极限曲率法和平衡曲率法等井眼轨道预测模式；②具有一整套水平井井眼轨迹测量技术；③能够制造水平井钻井所需的工具、装备；④研制成功了水平井轨道预测和控制软件系统。而国外石油公司在海洋钻井（北海油田、墨西哥湾）中早已大量应用。

1999 年，英国石油（BP）公司在英国威奇法姆（Wytch Farm）油田钻成大跨距阶梯水平井。2008 年 5 月，斯伦贝谢公司也在卡塔尔海上油田完成了该井型，目前，国外已形成钻阶梯水平井成熟的配套技术，具体来说，包括：①长寿命马达、MWD、可变径扶正器井眼轨迹控制技术；②LWD 随钻测井技术；③摩阻扭矩控制技术；④新型清洁钻井液体系；⑤大排量洗井措施；⑥通过水力加压器提供钻压，更好地控制轨迹；⑦旋转导向技术，精确控制井眼轨迹。

因此，现阶段国内阶梯水平井开始大规模应用，相关的技术也开始进行研究，但国外由于起步较早，技术成果更先进。

（三）技术难点

第一，井眼轨迹跨断层，穿越断层破碎带时，造斜率容易失常，井眼轨迹预测和控制难度大。

第二，水平段穿越断层后，地层发生变化，目的层有可能上移、下移或断失，增加油层的不确定性。

第三，由于地质目的地需要在穿越断层时多次调整井斜，井眼轨迹波动大，摩阻扭矩大，岩屑返出困难，对钻井液性能要求高。适合采用大跨距阶梯水平井进行开发的油藏具备埋藏深、落差大、地层复杂的特点，受井眼曲率变化的影响大，定向钻井中摩阻大，带有封隔器或扶正器的完井管柱下入较困难。因此优化轨道参数，保证油层钻遇率，降低钻进和完井管柱下入难度，是大跨距阶梯水平井轨道设计的关键，这需要优选出适合大跨距阶梯水平井的低摩阻轨道剖面。

二、分支水平井

（一）分支水平井的概念与分类

分支水平井是指由一个主井眼侧钻出两个或更多进入储层的井眼，能够多油层泄油的水平井。目前所钻的分支水平井有两种：一是以某种类型分支井为完井目的的新钻井；二是从现有井中侧钻多分支水平井，即侧钻井。下面介绍按照各种要求所钻的分支水平井的分类。

第一，反向双分支井的特点是一个分支井眼下倾，另一个分支井眼上倾，并且井眼方向相反。

第二，叠加双分支井用于开采两个不同产层或在一个低渗透阻挡层之上和之下采油。

第三，多侧向分支井从处于一个水平面的一个水平井眼钻数个分支井眼。这些分支可能是水平的也可能是倾斜的进入不同储层。

第四，鱼骨分支水平井在同一水平面上，从水平井段侧钻出多个分支井眼。

第五，八脚分支水平井从水平井段侧钻出多个分支井眼，各分支井眼位于不同的水平面。

第六，叉状双水平井在同一平面上，有两个对称的水平分支井眼，每个井眼方向和真垂直深度相同。

（二）多分支水平井开采技术发展

多分支水平井技术是在水平井技术基础上的进一步发展，是人们对于特殊油藏开发的一种增产方法，是提高单井产能的重要手段。因此多分支水平井已经长期应用于国内外的各类油田的开发实践中。

多分支水平井的雏形诞生于 20 世纪 20 年代，套管切削多个窗口的工具的专利被申请。20 世纪 30 年代发明了主井眼伸出三个分支的专利。当时这个专利也曾尝试应用在现场，只是由于当时的钻井技术限制，分支井眼间距太小，井眼之间相互干扰严重，因此增产效果并不理想。

世界上第一口真正意义上的多分支水平井诞生于苏联，是一口 10 个分支水平井，投产后单井产能提高了 16 倍。之后的一段时间，水平井和分支井的数量迅速增加，因为多分支水平井能大幅度提高单井产能，包括美国在内的一些国家都开始重视。但由于钻井技术不同步发展，因此热潮也有所冷却。20 世纪 70 年代后，随着油价的提升，多分支水平井开始被重新受到重视。

20 世纪 90 年代，多分支水平井技术逐渐成熟，英美国家的多分支水平井市场迅速扩张。1993 年，加利福尼亚州的海上 Dos Cuadras 油田钻成 B34 井——一口三分支水平井，该井由美国优尼科（Unocal）公司完成，但如果早应用该技术，该海上油田可以搭建 2 个平台，而当时却用了 4 个平台。海上开发平台井槽数量有限、操作空间有限，采用多分支水平井开发，可以有效减少开发井数，减少平台和水下底盘的开槽数，减少地表设施及甲板空间需求，从而减小所需平台数目。

20 世纪末 21 世纪初，中国的多分支水平井技术发展迅速，在胜利油田、辽河油田等油田都有成功的经验。2000 年，中国第一口双分支水平井成功钻成于中石化胜利油田。

胜利油田靠着先进的水平井钻井技术为基础，自行设计施工并且成功完钻——桩 1- 支平 1 井，该井两个分支长度分别为 245 m + 185 m，填补了我国在多分支水平井技术领域的空白。自 2001 年 10 月投产以来，一直保持着日产液 40 m³，日产油 10 t 左右的产量。2006 年 11 月，胜利油田实施并成功完钻了鱼骨状多分支水平井——CB26B- 支 P1 井，该井具有自主知识产权，主井眼长 403 m，四分支长度共 516 m，初期产油 100 t/d，是邻井的 3.3 倍。

在东部油田中,辽河的稠油也逐步尝试新的井型结构用来提高油田开发效果。2000 年 4 月，辽河油田设计完成了国内第一口套管内侧钻的三分支水平井——海 14-20 分支井。2007 年辽河油田完成了中石油的第一口双分支水平井——小 35 平 1 井。该井单井控制储量达 85 万吨，这口井建成以后在目标区块的产能是其他直井的近 10 倍。可见分支水平井的巨大优势就是相比其他井型，其产能有明显增幅。

2002 年，中国海洋石油有限公司天津分公司成功实施了我国第一口鱼骨状分支水平井——绥中 36-1-CF1 井，该井位于渤海湾的绥中 36-1 稠油油田，用来提高稠油油田的采收率。水平井段长 400 m，采用筛管防砂，4 个 100 ～ 150 m 分支采用裸眼完井，单井产量最高达 140 m³/d，在提高单井产量上取得了非常好的效果。该井稳产后日产油是邻井的 3.6 倍。而后，中海油又设计了两口推广试验井，即 SZ36-1-C25hf 井和 SZ36-1-C26hf 井，投产后初期产能都很高，奠定了多分支水平井开发绥中 36-1 油田的技术基础。

2004 年 5 月，中石化西北分公司在塔河油田完成了一口双分支水平井——TK908DH 井，井深达 5 239.88 m，是当时我国最深的多分支水平井。TK908DH 井的成功完钻标志着我国的多分支水平井钻井技术已经有很大提高并开始进入国际先进行列。

作为提高油气田增产的钻井新工艺，同时又能降低油气开发的风险和投资成本，多分支水平井技术越来越受到油气公司的青睐，特别是随着低渗透油藏、薄层边际油田的逐步开发，分支水平井将会发挥更大的作用。虽然我国的多分支水平井技术发展迅速，但同世界先进水平还有一定差距，多分支水平井技术的配套理论还并不完善，在发展技术的同时，要注重对理论的突破，才能促使多分支水平井技术体系长足发展。

（三）多分支水平井的优势

多分支水平井是一种非常规井，是指由主井筒向外进行侧钻，得到若干个进入同一油层（藏）或不同油层（藏）的分支井筒的复杂结构井。多分支水平井自从 20 世纪 20 年代出现之后，已成功应用于各类油藏的开发实践中。多分支水平井与直井和常规水平井相比，主要具有以下优势。

第一，具有井眼与油藏接触面积最大的特点，可以有效提高单井产能。多分支水平井可以更多地贯穿油层，增加储层的暴露面积，因此可以增大泄油面积，提高油井单井产能。同时，其可以均衡生产压差，改善常规水平井底水脊进的缺点，延缓底水上升，提高产量。

第二，可以减少生产井数，降低开发成本。海上开发平台井槽数量有限，采用多分支水平井开发，可以有效减少开发井数。虽然多分支水平井需要的早期投资可能比常规水平井大，但是通过减少开发井数，可以降低总资本支出、开采成本及操作费用。这项技术减少了井口、平台立管和水下完井设备的需求，降低了成本，而且还优化了海洋平台和水下底盘上井槽的应用，既能够减少平台和水下底盘的开槽数，又能够减少地表设施及甲板空间需求。将其用于陆地油田的开发，还可以有效减少占地面积和对环境的影响。主井眼的减少，相应地减小了钻浅层井眼的风险。

第三，能够连接多个地质构造或油藏，可同时开采多个油层或油藏。在天然裂缝油藏、局部构造和地层圈闭油藏、薄互层或层状油藏中，多分支水平井有很好的应用。在由天然裂缝发育的油藏中，通过钻水平井分支，可切割更多的天然裂缝，提高油井产量。多分支水平井可以开采沉积作用或成岩作用和封闭断层造成的局部油藏中的剩余油。在薄互层或层状油藏中，多分支水平井可以同时开采具有不同储层物性、流体特征、压力系统的多个油层，确保经济产量。另外，在海上的边际小油田，钻多分支井可以避免搭建新平台，达到减少平台数量的目的。

（四）分支水平井的局限性

尽管分支水平井有很多的优点，而且现在也被应用于其他工业领域，但是在使用时还应考虑到它的某些局限性。

第一，分支水平井模型的建立。建立分支水平井模型需要了解油藏的动态特征和流体在长水平井段的流动特征之间的关系。将它们用统一的标准来模拟是不可行的。从油井生产的角度来说，压力的连续性是一个非常重要的影响因素，在建模的过程中必须予以考虑。

第二，钻采过程中的问题。钻采过程中遇到的问题主要包括昂贵复杂的各项采油修理工作，各分支间配产等管理问题。同时，对于钻井，完井和生产技术设备的要求更高，更复杂。

第三，与单一井相比，成本投入高。分支水平井的设计和钻井成本比单一井要高得多，投资过于集中，因而加大了投资风险。

第四，钻井施工过程中的高风险。在钻井施工过程中，还要注意在主井眼中钻其他分支井眼可能出现的失误等钻井问题。

第五，技术尚不成熟。尽管钻井风险和投入成本可以被降低，但是目前的问题是，分支水平井对于某些油田来说是否真的物有所值。

（五）分支水平井系统

当要在一个油田钻分支水平井时，应该综合考虑钻井、套管、完井等技术环节，如果要采用新型技术时，更应该全面地考虑，把问题减少到最少。合适的完井方式的选择主要依据的是油井的生产方式和其他后续工作的要求。在完井方式选择的过程中要考虑如下问题：①横向上的间隔；②采油方式；③油井未来的生产措施；④机械再进入。

不同的分支水平井因为标准、成本、复杂性和成本有着不同的完井方式。具体包括以下几个方面。

第一，裸眼完井。这是到目前为止使用最多的完井方式，85%的分支水平井采用这种完井方式。北美和中东的一些油田有这样的例子。这种完井方式，主井眼和分支井眼都为裸眼，完井作业不能对不同产层进行分隔，分支井眼连接处具有较弱的力学完整性，基本不具备水力完整性和再进入能力。这种完井方式的成本低，适合在开发稠油和煤层气时使用。

第二，下封隔器，分支段裸眼完井。这种完井方式，与裸眼完井相似，只是在主井眼采用外部套管封隔器（ECPs）和滑动套筒将各分支井眼封隔开。这样每个分支井眼的流入流出动态是可以控制的，但是各分支井眼不具有力学稳定性和再进入的能力。

第三，主井眼裸眼，分支井眼采用衬管完井。这种完井方式是主井眼裸眼完井，分支井眼采用衬管完井，它的优点是分支井眼具有力学稳定性，但是不具有再进入能力。

第四，割缝衬管完井。在反向双分支水平井中，先在下分支井眼处下多孔衬管完井，再在上分支井眼处下尺寸稍小的多孔衬管完井，只有上分支井眼具有再进入能力。

第五，分支井眼完井，选择性再进入。这种完井方式选用了一种典型的套管。主井眼是裸眼完井，分支井眼采用衬管注水泥完井，两者使用 ECPs 分隔。这种完井方式可以进入一个或多个井眼，有选择性地进行修补工作。因此油井的分层开采和各项修井作业都是可以进行的。

第六，主井眼下套管并注水泥完井，分支井眼裸眼。这种完井方式主井眼下套管注水泥固井，裸眼完井的各分支井眼之间采用主井眼的封隔器封隔。不同完井结构的再进入能力是不同的，新井或老井侧钻都可以采用这种完井方式。

老井侧钻时，在钻分支井的深度处，必须将套管铣掉，开窗后分支井眼可以采用通常的方式进行钻进。钻新井时，可在原有套管的指定位置上下入一个锁式连接器，高强度的磨铣系统下入套管时直接锁在此连接器上进行工作，在实施了开窗以后，各分支井眼可以使用通常的方式钻进，分支井眼的再进入能力可以根据不同的完井方式自由选择。

第七，主井眼下套管注水泥固井，分支井眼下衬管完井。在这种完井方式中，分支井眼不采用裸眼完井的形式。在此系统中有很多可变动的方面，分支井眼可以采用下套管注水泥完井，下割缝衬管完井或者采用 ECPs 和滑动套筒将各分支井眼封隔开；主井眼和分支井眼之间的封隔器可以选择使用或是不使用；分支井眼可以采用或不采用机械连接到主井眼上；各分支井眼都有可再进入的能力。这种完井方式是目前较为成熟的分支井钻井完井新技术。

三、长水平段水平井

（一）长水平段水平井技术概念

长水平段水平井目前在国际上还没有明确的界定标准，相较于一般的水平井而言，其水平段较长，一般在 1 000 m 以上。

在稠油油藏、低孔低渗油藏中，长水平段水平井增大了泄流面积；在裂缝性油藏中，长水平段水平井可将油气层的裂缝进行连通；在边底油藏、气顶油藏中，长水平段水平井可减小水、气的锥进问题；在注水注气井中，长水平段水平井可以增大波及面积；在浅海油藏中，长水平段水平井可以在陆地上进行钻井施工，减少钻井成本。

长水平段水平井与常规水平井和大位移水平井的区别主要有以下几点。

第一，与常规水平井相比，长水平段水平井要实现有限的水平位移范围内完成水平井眼长度最大化的目标，井的造斜曲率大，水平段延伸长，摩阻相比常规水平井更大。因此，对井下摩阻的分析及控制是长水平段水平井的工作重点，采取的工艺技术应重点考虑降摩减阻。

第二，与大位移水平井相比，大位移水平井多用于海上、滩海油气开发，其关键技术主要是保障延伸作业能力，实现水平位移目标，对目的层的水平段的长度不做要求。而长水平段水平井最主要的目的是充分暴露储层，尽可能增大打开目的层后井筒水平延伸的长度。大位移井通常大斜度稳斜段很长，技术难点集中在斜井段保持稳斜钻进的控制上。长水平段水平井的斜井段较短，水平段因要充分暴露产层，所以水平段较长，技术难点主要在于水平段的延伸能力上。

（二）国内长水平段水平井发展现状

水平井技术作为提高油气产量、加大油气采收率和节约油气开发投资的关键措施，已在 70 多个国家获得普遍实施。水平井技术可以迅速发展的最重要缘故是因为此项技术可以带来明显经济效益。根据大量的施工案例统计，常规水平井的投资成本只有普通直井的 50%，但产量却是直井的 3 ～ 5 倍，甚至更多。

长水平段水平井与常规水平井相比，较长的水平段长度可在更大程度上提高储层的暴露面积，从而提高产量，具备明显的开采价值，是现在老油田挖潜、陆地开采海洋石油、特种油气藏开发的重要技术措施之一，同时，也能够有效降低海上油田的开发投资成本。

与国外先进技术相比，国内的长水平段水平井技术虽然也有一定程度的发展，但是，在井眼轨迹优化设计、井下摩阻分析、井眼轨迹控制、钻井和完井技术等方面还未得到完全的集成运用，还没有建立成熟的技术措施，还有待进一步研究与应用。本书经过大量的国内长水平段水平井施工工艺及技术措施的调研，优选了近年来已经取得一定成果且具有代表性的长水平段水平井的技术数据，以体现国内长水平段水平井发展的现状。

1. 广安 002-H1 井水平段实现 2 010 m 长度

广安 002-H1 井，井深 4 055 m、直径 215.9 mm 井眼水平段长 2 010 m。该井是国内第一口水平段在 2 000 m 以上的欠平衡长水平段水平井。并在利用 Power DriveX5 旋转导向工具 4 趟完成水平段施工，钻井周期 28 天，与设计的 50 天相比，节省了 22 天，节约钻井周期 44%。钻遇率为 82.74%，自然产能为附近其他井的 3.7 ～ 7.6 倍。

2. 苏 5-2-15H 井实现 1 512 m 的水平段长度

苏 5-2-15H 井是长庆气田井深最大、水平段进尺最长的水平井，该井井深 5 235 m，直径 152.4 mm 井眼水平段长 1 508 m。苏 5-2-15H 井井深结构表如表 1-5 所示。

该井水平段 1 200 m 后滑动钻进时，摩阻为 320 ～ 400 kN，钻头无法到底，托压严重、工具面难以控制，定向效果差；复合钻进时最大扭矩达到 20.2 kN·m，钻进风险多、难度大。最后，采用倒换钻具组合全段复合钻进和光钻铤钻具组合降斜完钻。

表 1-5　苏 5-2-15H 井井深结构表

开钻顺序		钻头			套管		
		钻头尺寸 /mm	井深 /m		尺寸 /mm	井段 /m	
			设计	实钻		设计	实际下入
一开		348.0	515	515	273.0	500	514.48
二开	直井段	241.3	2 750	2 764	177.8	3 727	3 726
	斜井段	215.9	3 621	3 727			
三开		152.4	5 129	5 239	—		

3. 大牛地大平 23 井水平段长 1 500 m

中石化大牛地油气开发公司部署的水平井 DP23 井，直径 215.9 mm 水平段超过 1 500 m，超过了 DP20 井的 1 497 m 纪录，创下了中石化大牛地气田水平段长度的新纪录。川庆钻探钻采工程技术研究院结合在壳牌反承包区块、苏里格区块的技术服务经验，开展了长水平段降摩减阻、储层保护的技术攻关，进行了水平段钻液体系的改良，为全井的顺利实施提供了有效的技术支撑。

4. 长北气田 CB3-1 井双分支水平井

CB12-2 井是壳牌公司（SHELL）在长北气田承包区块设计的 1 口双分支水平井，主分支井眼直径 215.9 mm 水平段长 2 317.8 m，钻探目的层为山西组山 2 段。长水平段钻进时主要应用的技术有以下几点。

第一，钻具中加入 PBL 循环接头提高了泥浆循环量，有效地改善了泥浆携砂能力。

第二，水平段钻具组合中应用了水力振荡器，在水平段加压困难时，钻具组合中的水力振荡器，可利用改变流量面积的方法产生纵向振动，高效传递钻压、降低井眼与 BHA 的摩阻，防止钻具黏卡事故发生。

第三，哈里伯顿公司的 LWD 系统配备在 BHA 中，利用自然伽马及电阻率在入窗前区分地层岩石性质，同时以录井给出的精细地层评价为参考，对地层进行准确识别，卡准标志层，计算出地层倾角，提高入窗的精确度；在水平段进入储层后、未受到钻井液侵蚀前及时获取自然伽马、电阻率地质参数，有助于地层物性的初步评价和储层钻遇率的提高。同时，可以减少长水平段测井环节，节省建井周期，避免测井复杂。

第四，选用的无土相低伤害暂堵钻（完）井液技术是一组无土相全酸溶泥浆体系。通过实验室评估，该泥浆拥有可调密度、低水损失、可承受高达 150 ℃温度、流变性好、抑制性强、酸溶解率高等优点。调整该体系中惰性酸溶降滤失剂的粒度分布，可实现储层的屏蔽暂堵。

（三）长水平段水平井存在的主要技术问题

面对有明显技术优势的勘探开发技术，国外早已大力开展长水平段水平井技术的研究，尤其是近几年现代钻井技术、地质导向工具、新型钻井液、先进完井工具和随钻测量系统的应用推动了长水平段水平井技术的进展。与常规水平井施工技术相比，长水平段水平井还要面临一些新的技术瓶颈。

第一，井塌。长水平段难免钻遇大段易塌泥岩，在长时间浸泡下，容易垮塌造成卡钻、憋漏地层等复杂情况，同时也会引起井眼清洁和润滑问题。

第二，携砂。长水平段泵压高、排量小、环空返速低，岩屑上返过程中被钻具拍打研磨，井眼清洁不好会严重影响施工安全。

第三，润滑。长水平段送钻和托压问题会严重影响滑动钻进速度，造成施工周期长和定向效果差。

第四，高压。长水平段施工，泵压一般在 28 ～ 35 MPa，高泵压带来了设备和人身安全风险，必须更换高压管汇系统、高压水龙带及水龙头冲管系统，以满足施工需求。

第五，钻具强度。井眼轨迹不好会带来拉力和扭矩增大等技术问题，确保井眼轨迹圆滑平缓是能否实现水平段施工的重要因素，钻具变形情况需要及时跟踪计算。

第六，技套防磨。长水平段施工周期长，技套防磨工作难度较大。

第七，托压和送钻问题。水平段超过 1 500 m 后，加压将更加困难，需租用水力振荡器或旋转导向工具。

第八，轨迹控制。长水平段施工后期易严重托压，加压送钻困难，增加了滑动定向的难度，轨迹控制难度加大，应增加钻具刚性，同时采取合理的钻具结构和科学的定向工艺。

第九，不可预知因素。砂层不好会导致过度上下寻层，井眼轨迹不流畅；长水平段定向仪器数据传输困难，以往完成井每到后期，定向仪器时常无数据传出；钻遇破碎地层会导致施工终止。

四、鱼骨刺水平井

（一）鱼骨刺水平井的概念

鱼骨刺水平井是水平井的一种，但它与一般水平井相比具有突出的特点。鱼骨刺水平井是指在水平主井筒基础上侧钻出两个或者两个以上分支井筒的水平井，鱼骨刺水平井的最大特点是井筒结构和形态十分复杂。

由于鱼骨刺水平井技术具有增大泄油面积、降低钻井数、可利用已有井、节省油田开发成本以及针对边际油田开采具有突出优势的特点，近年来成为国内外油气开发技术中倍受重视的开发技术并得到广泛应用，取得了较好的效果，被认为是一项具有良好发展前景的新技术，成为一个热点研究问题。多分支井技术源自水平井技术，是一种水平井及侧钻井技术的集成和发展，随着钻井技术和勘探开发技术的迅速发展，像鱼骨刺水平井技术这样的复杂分支井技术也逐渐成熟，目前全世界已钻成一万多口各种形式分支井。

（二）鱼骨刺井的工作原理

鱼骨刺井是利用水力破岩的方式，在水平段钻出许多个微型井眼，实现定向、定点、定长造孔的新型完井方式。其工作原理如下。

在主井眼中下入分支侧钻工具；侧钻工具由多个短节串联组成，每个短节上安装有 2～4 根带有水力破岩钻头的小直径金属钻管；短节数量根据储层厚度灵活改变，地面泵打压，将高压流体泵入短节，由水力破岩钻头形成高速射流对储层进行破岩钻进；形成多个"鱼骨刺"状微小分支井眼。鱼骨分支的钻进长度要看小直径钻管的长度，通常可实现的钻进长度是 12 m。鱼骨刺钻完井系统分为两种方式：循环法与挤注法。

第三节　水平井的特点

一、物理特点

水平井的透水段与含水层之间存在着较大的接触面积，并且，水平井与直井相比，产量会随着渗透面积的增加而高速增加。处理压力的能力相对于直井来说也更加强大，在相同的垂直高度内，水平井的产量也相对更大。由于水平井特殊的结构，水平井的开采效率大大提高，同时水平井的开采也不会受到含水层厚度的影响。

二、开采特点

在石油工业中，对于油田的开采，水平井具有十分重要的作用。其应用需求主要体现在以下几个方面：第一，水平井能够贯穿天然裂缝带，从而极大地提高了具有裂缝性地层的油气产量；第二，为最大化地提高油气资源产能，通过增加水平井井眼扩大与地层的接触面积，能够较好地挖掘井下的储油层；第三，根据油层中的含水量来控制水平井钻井的方向，这样能够尽可能地减少水锥进和气锥进，进而相应地提高单井油气中的采收率，也就是增加油气资源的产能；第四，提高对油气资源勘探和后续开发的效率，将其应用到不同种类的油藏中，利用水平井钻井降低钻井的密度。从以上的叙述中，可以明显地感知到，水平井在油田开采作业中，最主要的特点就是通过实际技术的应用进一步提高石油的产量，尤其是对于油田开发的后期阶段，对于裂缝性油气藏和薄油气层的开发。水平井的应用不仅能够增加能源产量，也能缩短开采工期，从而达到降低成本的目的。随着我国对水平井新技术的研发和创新，水平井生产技术更加成熟，在实际施工过程中相应的配套设备和技术方法也逐渐得到了完善，大大降低了以往我国在油田开采过程中的难度，方便作业人员的施工操作。

三、施工特点

水平井的钻井施工的难度系数大，给钻井施工带来了巨大的压力。

在水平井钻井施工过程中，井眼轨迹控制的难度较大，各个井段的衔接需要高精度的控制。井斜井段的井眼磨阻不断增大，导致钻具在井眼中的转动困难，井眼轨迹控制的难度增大。钻柱和井眼之间的磨阻比较大，当进入水平井段后，钻柱运行困难。井眼净化的难度变大，极易导致储层污染，给后续油井的开采带来危害。大斜度井段和水平井段的岩屑携带难度大，容易发生卡钻事故。

应优化水平井钻井的技术措施，提高水平井钻井施工队伍的素质，并选择和应用高效的钻具组合形式，结合井控技术措施，保证钻井施工全过程的安全，唯有如此才能钻探出合格的水平井，将更多储存在薄差油层中的剩余油开采出来。

第二章　水平井技术现状

水平井技术属于油气田区域开发过程中的一项关键性技术，伴随着石油钻井勘探技术的持续发展与改进，大幅度提升油气资源的产量，显著减少油气田项目开发以及运营的成本，已经成为现阶段的主流需求，因此，水平井设备采用的数量以及种类层出不穷，水平井技术获得了大力的推广。本章分为国外水平井技术现状、国内水平井技术现状、水平井技术发展方向三部分。

第一节　国外水平井技术现状

一、水平井钻井技术现状

早期的钻井技术都以打直井为基本要求，并严格规定了钻井过程中，每一千米深度的井斜角度不能大于3°。在20世纪40年代曾提出过水平井理论并进行了实验，但受制于当时的技术还不够先进，打一口水平井的成本过高，致使水平井钻井理论的一度被认为是不可行的。1954年，苏联钻成了世界上第一口井身斜度到90°的水平井，20世纪50年代期间，苏联钻成了数十口水平井，并对水平井的可行性开展试验，虽然技术上可以实现，但从经济角度来说收益不大。

20世纪50年代中期至20世纪60年代中期，这段时间水平井钻井曾在各国油田大量开展起来，特别是分支类水平井，曾被作为一种有效增加产量的方法在多国油田被广泛应用，然而，由于受当时技术条件的限制，水平井技术投入成本大于普通钻井，特别是又存在成本很低的压裂增产技术，相比之下水平井技术就被渐渐地搁置。因此从20世纪60年代后期到20世纪70年代中期这段时间，进行水平井钻井的情况又开始逐渐减少，仅有少数地区的油田还在开展水平井钻井工艺。

到了20世纪70年代末期，钻井技术在日益进步，水平井技术发展也日益成熟，同时由于油价开始下跌，石油行业遭受了巨大的冲击，各大油田于是又重新开始对水平井技术进行研究，并对水平钻井方法重新进行改进。20世纪80年代前期，全世界钻成的水平井数量稀少，具有实际生产价值的水平井直到1983年才真正被钻出，在这之后，水平井钻井数量开始逐年呈递增趋势。

截至目前，美国是拥有水平井最多的国家。美国目前主要的工作钻机中，有近10%驻扎在落基山地区，每年可钻水平井的数量有100余口。目前，针对各类油气储层采用水平井技术进行勘探开发已经成为油气田开发的主要手段，最重要的一点是水平井可以拓宽地层的有效渗透区域，井径还能够串联起更多的竖直裂缝，使得储层的产能水平得到进一步的开发，这是直井望尘莫及的；水平井可以进一步提升地层油气的开发程度，能够比直井获取更多的油气产出。正是这个特点使得全世界正在为产量而发愁的各大油田如同找到了救命稻草，纷纷将主要的研发力量投向了水平井技术的研究与开发应用。

虽然水平井技术相比于传统方式更具有潜力和优势，但其也存在着较大的风险。在很多区域的开发过程中，尤其是开发比较完全、储层状况比较明确的区域，水平井开采的成功率很高，但在新区块进行水平井开发成功率就会比较低。水平井开发的成功率在不同地区各不相同，该区域的开发经验和油藏质量直接决定了水平井开发的成功率。例如，在美国和加拿大西海岸的阿拉斯加海湾区域，应用水平井提高产量的成功率较高，一般能将产量提升60%左右，甚至更高，而在其他一些地区提高产量的效果则很有限，甚至几乎毫无变化（如西得克萨斯的Spraberry走向带）。

美国和加拿大的统计资料显示，通过采用水平井技术来进行增产相比于其他传统的增产技术，可采储量能够提升8%～9%，相当于地层油气储量的采收率提高了0.5%～2%。据报道，在挪威的北海油田、伊朗伊拉克地区和南美的委内瑞拉、厄瓜多尔等区域，水平井技术增加的油气储量采收率更高。根据对全世界各地近百个石油开采公司的调查表明，采用水平井技术改善已有可采储量的成本比开发一块新区域油气藏的成本相比每桶要低4.5美元。因此，由于其较低廉的成本，水平井技术现已成为各大油气田提升油气产量的首要选择。全世界各地的许多油气田采用了水平井技术之后，在增加油气产量和提升油气采收率等方面都获得了相当成功的结果。根据统计数据，一些直井的产能能力只能达到水平井的1/3，许多高渗地区的油气藏直井的产能能力甚至不及水平井的1/5。在许多油田中，水平井已经成为油气藏开发的核心力量。在隶属西欧的挪威北海地区，水平井的油气产量约占总产量的30%，在丹麦周边，许多水平井的油气产量所占总产量的比例甚至已经超过了直井。在丹麦的海上油田，水平井技术以及其他相关措施已经能够将油气采收率提高到原来的 3 倍。在西亚的沙特地区，采用水平井开采技术可以将油气采收率提高 5% ～ 10%，换算成储量相当于可以增加储量 125 ～ 250 × 10^5 bbl（1 bbl = 0.159 m^3）。根据加拿大西岸地区的统计，当地水平井的产量是普通直井的 2 ～ 3 倍，新完井的水平井，第一年的产量甚至能够高出普通直井 4 ～ 5 倍。

以上的实例证明，水平井不仅可以提高油气产出量，也能够提高地层的储量采收率，对于各大油气田来说，它是一种切实可行的油气储层经营管理技术。因此全世界许多地区的油气田管理部门都将水平井作为开采储层的核心技术内容，从而改善现有储层的产量。英国的油田管理者计划采取多种强化石油采收技术使原油增加 5.3 × 10^5 bbl，而其中预计使用水平井实现的增加量就高达 2.4 × 10^5 bbl。

就适用于水平井的储层类型而言，国外水平井技术主要用于以下类型的油（气）储层：薄层储层，天然裂隙性储层，存在气、水锥问题的油气藏，存在底水锥进的气藏。此外，水平井在重油生产、注水和其他提高采油率的措施中占有越来越重要的地位。

目前，加拿大萨斯喀彻温省和艾伯塔省的稠油油藏已经钻了 900 多口水平井。这些储层中的许多都具有底部水层，并且垂直井用于开采底部水且厚度较薄的重油层。由于其产水量过高，经济效益堪忧。另外，由于蒸汽注入容易进入底部水层，因此在这种储层中的蒸汽注入也是无效的。水平井不需要注蒸汽，就可以使生产率提高 4 ～ 5 倍。因此，一次性投资水平井不仅提高了生产率，而且大大节省了注蒸汽所需的管道、燃料和相关设备的成本。

二、水平井压裂技术现状

在油气田开发的众多增产措施中，水平井压裂技术是最成熟的增产技术。对于这一技术，国外学者在前人的研究成果上做了大量的工作，有很多研究成果。20 世纪 50 年代，压裂技术开始迅速发展；20 世纪 70 年代，随着油气田开发行业的发展，压裂技术也得到了迅速的发展。压裂技术作为一种增产措施，受到了前所未有的重视，从 20 世纪 80 年代到 90 年代初，水平井技术在各个油气田得到了应用，同时，压裂技术也被得到广泛应用。

压裂技术和水平井技术被各大油田采用，对该技术的研究也比较深入。储层工程压裂工艺参数对产能的影响及压裂机理的结果表明，压裂后产能随裂缝数的增加而增加。但在生产后期，裂缝数量影响变小，产能变化幅度不明显。外国学者使用流线模型来研究裂缝储层里水平井中的两相流，建立了垂直二维流或水平井油水的数学模型，并获得精确解和无水生产时间的计算公式使用特征的方法，提供了在天然裂缝储层的边缘注水理论依据和计算方法。还有学者根据致密油气藏的特点，利用格林（Green）函数和纽曼（Newman）原理，建立了各向异性气藏裂缝水平井筒耦合模型。考虑到气体假压力降低和裂缝和水平井筒同时发生，研究了影响产能的因素。更有学者提出了一种新的低渗透油藏水平井线性流入分析模型，该模型考虑了垂直于水库井的水平井孔方向的线性流动和平行于井眼方向的线性流动时的情况。虽然已经研究了水平井裂缝的几何效应和性能，但对于直井和水平井的裂缝间距和夹角还需要进一步研究。

除此之外，还有学者通过阿尔伯塔中西部致密卡迪（cardium）砂岩多级压裂水平井的应用，采用 Duong 衰减曲线分析技术对所有裂孔进行分析，成功预测了长期井的产能和回收率。通过对高渗透天然裂缝性碳酸盐岩油藏开发的研究，解决了礁滩沉积物覆盖、活性含水层支撑的早期水侵和无效储量恢复问题。

三、水平井测井技术现状

随着水平井技术的发展，斯伦贝谢（Schlumberger）、哈里伯顿（Halliburton）、桑德斯（Sondex）等大型专业化石油测井服务公司在水平井生产测井技术研究方面起步较早，完成了大量水平井生产测井技术研究，研发出了一系列先进的自喷井水平井生产测井仪器及水平井生产测井工艺技术。主要体现在以下几个方面。

第一，水平井测井仪应用情况。水平井测井仪的基本原理是，在使用新型传感器的同时，将使用多套集成传感器进行组合测量。不同的传感器可以同时对同一个井下测量的目标参数进行测量，从而实现对测量结果的确认。测量的主要参数是流量、相持率和相速度，因此解释算法非常简单，即相流量＝相持率 × 相速度 × 截面面积。仪器主体的长度较短，并且受完井方法、井眼轨迹和井径变化的影响相对不大。同时，采用新型的微转子、光学和电子探针，使得测量信息更加具有真实性和可靠性。

斯伦贝谢公司开发的测井工具组合，主要仪器包括遥测短节、定位仪、自然伽马、温度、压力组合测试仪，Flow View（GHOST-Gas Holdup Opitcal Tool）测井仪，流体密度仪和 RST 储层监测仪。Flow View 测井仪由 4 个扶正器臂及电子线路组成。扶正器臂呈 90°，可测量 X-Y 井径，每个扶正器臂上安装了小型的探针，可根据油、水的导电特性探测油泡的数量以此来获得油、水的含量。

贝克修斯（Baker-Hughes）公司开发了 Polaris 生产测井系统，测井仪器主要包括伽马仪，井斜方位测井仪，MCFM（Multi-Capacitance Flow Meter）测井仪，井温、压力仪和流量仪。CAT 测井仪是由英国 Sondex 公司开发生产的测井仪，仪器由 12 个电容组成，根据油气水的介电常数不同来区分流体各相的含量。

第二，国外输送方式。国外水平井测井的主要输送方式有爬行器、油管传输、连续油管传输、硬电缆传输等技术。

第三，测井解释。国外水平井生产测井的发展趋势主要是应用热、电、声、光、核等方法和原理，其发展与基础物理研究、测量方法研究以及测井解释技术的发展密切相关。由于各大油气田有各自的开发方式和要求，对测井所取得的数据需求并不完全一致，所以国内外的测井技术根据对应油气田的要求有着不同的发展侧重点。研究和了解国外生产测井技术的发展，并汲取国外的先进经验，对于国内水平井测井技术的快速发展会大有裨益。

四、水平井完井技术现状

外国的水平井技术开始于 1930 年左右，80 年代以后得到了迅速的发展，90 年代以后，水平井方面的技术已很成熟，在水平井设计以及钻井、防砂、完井和射孔等方面的配套技术已经非常成熟，并在不同类型油气藏中大规模应用，经济效益显著。几乎所有类型油藏都有水平井的应用。近年来，油气井工作者对膨胀管、智能完井等技术不断研发，使水平井完井技术的应用效果更加明显。

优化选择完井方法以获得更大的经济效益是技术发达的国家在油气勘探和开发方面的一致共识，所以必须十分重视。美国的油气井完井方法设计要收集多达 29 项的数据，输入计算机，选择出最优的完井方法。

国内外普遍重视的是水平井绕丝筛管砾石充填防砂完井技术，各石油公司加紧了对该项技术的研究。国外的 Schlumberger 公司和 Baker-Hughes 公司在水平井砾石充填技术方面的研究比较领先。

水平井裸眼充填砾石完井技术作为较先进的防砂方法得到了广泛应用。该工艺能提高充填防砂强度，具有防砂效果好，油层伤害小，防砂后油井产量高、寿命长等特点。Schlumberger、Baker-Hughes、BJ 等公司的技术水平井裸眼充填砾石完井技术已经趋于成熟。

近年来，更为先进的智能完井系统技术正在崛起。Baker Oil Tools 公司液力控制开关的 Inforce 系统能遥控液控滑套、油井封隔器和井下监测仪表。该系统能够人工操作，也可以利用 SCADA（Supervisory Control And Data Acquisition）

控制装置自动操作。井下石英仪表能向地面计算机系统实时输送压力和温度数据，对每一层段进行监测。利用一根电缆通过井口向每个仪表提供电力。用电力控制井下控制阀和油嘴的 In Charge 系统，可以实时监测井底油管和环空的压力和温度。系统利用一根 1/4 in(1 in = 2.54 cm)控制电缆输送电力、传输指令和控制数据。采用一个地面控制系统，一口井可以控制 12 个层段。

第二节　国内水平井技术现状

一、水平井钻井技术现状

我国对水平井技术应用较晚，然而取得的成果却不容小觑。国内水平井技术最早开始于 20 世纪 60 年代中期，先后在四川油田完成了磨 3 和巴 24 两口水平井，但限于当时的技术水平，未能取得应有的经济效益。我国主要是在"八五"和"九五"期间开始对水平井、侧钻水平井技术进行研究与攻关，在此期间在不同类型油藏中开展了先导试验或推广，并形成了多项研究成果和配套技术，引进了相当数量的水平井专用工具和仪器，水平井钻井技术有了较大的发展，工具、仪器的初步配套，基本能够进行各类水平井、侧钻水平井的钻完井施工。水平井技术在 20 世纪 90 年代以后也取得了很大发展，胜利油田已完成各种类型水平井百余口，水平井钻井水平和速度不断提高。到 2001 年，国内共完成各类水平井 1 200 余口，其中水平井 690 口、侧钻水平井 410 口、分支井 35 口、成对水平井 8 口。水平井最大垂深不超过 5 500 m，水平段长度不超过 2 000 m，水平井钻井技术与国外相比还有一定差距，特别是在钻井设备、工具和仪器、自动化钻井以及水平井技术的集成系统和综合应用方面的差距较大。

辽河油田从 20 世纪 90 年代开始从事水平井、侧钻水平井技术的研究与试验工作，1992 年在冷家堡油田冷 43 块 S1+2 油藏完成第一口水平井——冷平 1 井，1996 年在沈阳油田沈 95 静 17 块完成第一口套管侧钻短半径水平井——静 31-71CP 井，1997 年在杜 84 块完成国内第一对水平井——杜 84 平 1-1 井和杜 84 平 1-2 井。经过"八五"和"九五"期间的深入研究与推广，截至 2005 年 9 月底，辽河油田共完成水平井、侧钻水平井 129 口，其中水平井 103 口，侧钻水平井 22 口、分支井 4 口。

二、水平井测井技术现状

从 20 世纪 80 年代开始，我国各大油气田都对水平井技术开展了深入的研究，四川胜利、华北、中原等各大油田都相继开展了水平井的钻井施工及研究，并取得了一定的成果。1991 年，胜利石油管理局（现在的胜利油田）钻成了我国第一口水平探井——埕科 1 井，该井开钻于 1990 年 9 月 23 日，1991 年 1 月 3 日完钻，井深 2 650 m，垂深 1 882 m，水平段长度达 505 m，最大井斜为 93.26°。胜利石油管理局同年钻成的水平 20-1 井，是一口巷道式水平井，井径经过的层位周围都是泥岩，钻井过程中克服了很大困难，该井最大井斜达到 93.59°，钻入油层的水平段长度为 510 m。水平 20-1 井的完钻，标志着我国水平井钻井技术已经实现了突破，达到了国际一流水平。

国内水平井生产测井研究起步较晚，水平井生产测井也受到了国外测井技术的一些影响，主要体现在以下几个方面。

（一）爬行器设计应用

中船重工 719 所仿造 Sondex 公司开发的水平井测井爬行送进装置，主要由扶正部分、推进部分、牵引部分、电子线路部分组成。牵引和推靠部分是爬行器的核心所在，依靠扶正和电子线路部分进行辅助。爬行器相比于其他输送方式操作便捷、输送得更快更稳。国外的爬行器已出现了一段时间，发展相对成熟，但购置使用成本较高，不适合国内水平井监测使用。

（二）伸缩式水平井测井牵引器设计应用

哈尔滨工业大学研究开发的油井管道输送器，又称井下拖拉机、井下牵引器，是用来对井下仪器进行输送的新型工具，它通过仪器内部电机提供动力，进行简单的操作即可将井下仪器送到准确的位置，而且它还具有长度小、质量轻、运输方便的特点。该牵引器能够降低测井和其他井下作业的成本，是水平井测井输送工具的新代表。

（三）泵送刚性挺杆测井技术

泵送刚性挺杆测井技术就是先把油管下到待测目的层的上方，用电缆将测井仪器、挺杆、推进器从油管内下放置井中，到达油管尾端时，推进器在水平段中运动，通过刚性挺杆将测井仪器推出油管进入待测层段，进行测井。挺杆是由多段钢管连接组成，测井仪器在挺杆的末端。

（四）连续油管测井

连续油管是直径为 31.75 mm，壁厚 2～5 mm 的钢管，非常柔软，可以像电缆一样缠绕在电缆滚筒上。由于连续油管的性质特点，它可以在各类曲率半径的水平井中进行测井。测井仪器连接到管的末端送至相应位置，然后用电缆将对接仪器从油管内下入与仪器进行对接。仪器与油管之间有一个接口，保证了与对接仪器的有机连接。但连续油管测井的主要缺点是连接的仪器不能过重，否则连续油管在井内的移动会受到影响，也容易对连续油管管体造成损坏。

（五）测井方法

目前国内水平井生产测井主要还是借用直井测井仪来实现的。采用的方法主要有脉冲中子氧活化测井技术、硼中子测井技术、产液剖面测井技术、成像测井技术等方法。

（六）测井资料解释

国内水平井解释研究开始的时间不长，主要参考国外一些解释技术，解释原理主要依托于井内流体流动理论模型，水平井段多相流动模型研究开发尚处于探索阶段。随着近年来水平井技术在国内的广泛应用，水平井的生产动态监测逐渐成为一项重要课题。经过调研发现，国内目前水平井的动态监测还处于探索阶段，不同斜度、多相流流动模式模拟实验研究并没有实质性突破。

三、水平井射孔技术现状

在石油、天然气等行业中，射孔技术应用到勘探与开发中，已经成为其中至关重要的环节。井筒与油层之间需要一个通道来进行连接，而射孔恰好起这个作用，射孔技术的先进性决定石油的采收率和石油的产量。地层的类型十分多样，地应力场也复杂多变，石油的储存量等因素都影响着射孔技术的选择与应用，因此射孔技术在石油勘探中起重要作用。

近年来，随着射孔技术的日益发展，以前的常规射孔技术正在被淘汰，取而代之的是复合射孔技术。常规射孔技术在螺旋布孔的影响下，其裂缝走向不可以预测，也没有对这些走向进行有效控制的办法，从而使不同段之间裂缝出现重合穿插现象，导致压裂效果较差。

定向射孔的作用原理是基于油层所在处地层倾斜角和主应力方向这两个大前提，逐渐改变射孔弹的夹角以及不断调整射孔管柱，通过改变这两个因素之间的关系，能够让射孔方向对准油藏所在区最容易压裂的方向、主应力方向或者是节理方向，从而使射孔最优化，使压裂更容易实现，进而达到增加油藏所在区有效泄流面积的目的。

一般情况下，射孔弹的方向应指向裂隙、主应力或节理这三个方向的其中之一，同其他方向相比，这种情况下，射孔所穿的深度相对较大。此外，如果沿主应力方向进行射孔，则岩石就会在较小压力的情况下起裂延伸进而破碎，因此可以增加射孔孔眼周围岩石的渗透性。这种方法不仅可以增加射孔的效率，还可以提高石油的产能。

常见的复合射孔技术有分体式复合射孔技术、外套式复合射孔技术、一体式复合射孔技术等，这些技术相对于常规射孔各有优势，由原来的射孔与气体压裂两个步骤变成了射孔与气体压裂的合二为一。但它们的缺点也是存在的，比如，分体式复合射孔的气体利用率低，施工时容易发生事故，或者外套式复合射孔技术的套管空间有限，对枪型的选择具有局限性，施工比较复杂等。

定面射孔技术可以在压裂过程中通过改变射孔夹角等方法来降低岩石的起裂压力，使地层中的岩石孔道最大限度地处于稳定状态，从而减少出砂量等优点。下面具体介绍一下水平井定面射孔技术。

水平井定面射孔技术采用了超大孔径的射孔弹以及应用特殊的布弹方式，射孔后，在垂直于井筒轴向方向，射孔同处于一个平面内，在这个平面内，射孔的分布形成了沿井筒横向方向的应力集中现象，从而可以更好地控制裂缝的走向，降低地层的破裂压力。压裂时的裂缝走向沿井筒横向扩展，可以避免段与段之间压裂裂缝的交叉串通，提高缝网系统的完善程度，提高产能。

水平井可以避免穿透复杂的地形，是因为它能够改变穿过油层的方位，从而降低施工难度。而对于定面射孔技术来说，它可以通过调节射孔弹的布弹方式，获得最优破裂面，扩大裂纹区域，从而降低岩石的起裂压力，科学地引导裂缝走向。定面射孔技术的优缺点主要有以下几方面。

优点：定面射孔技术能够增加开采过程的成功率，对开采效率的增加也有所帮助，并且使压裂效果达到一个较好的水平；可以应用不同的射孔方案对不同的地形进行射孔，可以让射孔孔眼通过天然的岩石裂缝，减小破裂压力并且增加破裂区域；可以减小对地层的损坏，从而增加其稳定性并且提高产能；可以在复杂的环境中进行射孔而避免对电缆和其他硬件等造成伤害；等等。

缺点：定面射孔技术的要求很高，需要的时间相对于常规射孔要多；目前对定面射孔的研究还比较少；等等。

射孔技术的选择合适与否，对于油气井产能的高低有着很大程度的影响，针对不同的油井、不同的地应力环境去选择相应的射孔方案是非常有必要的。这在很大程度上能够减少对地层的破坏，提高产能。在射孔方面，许多条件可以对产能有所影响，比如，射孔的孔径、孔深，射孔所处的应力场以及射孔的相位角等，优化射孔方案需要不断进行探索研究。

四、水平井压裂工艺技术现状

国内水平井压裂技术虽然起步较晚，但发展速度显著，取得了很大进展和成果。从技术的引进、实验探索到后来成熟地应用到实践，积累了更多的经验。

2005年，有学者介绍了国内外试井解释方法与压裂模型相结合的研究现状。分析的依据主要是储层深层流动特征，对模型和解释方法进行了详细的分析和介绍。

2006年，有学者通过对煤层气开发中水平井和直井压裂的研究，对比了水平井压裂和直井压裂的增产效果和压力变化趋势，总结了水平井压裂参数对产能的影响机理。

2007年，有学者通过对压裂水平井产能影响机理的分析研究，建立了裂缝干扰影响产能的数值模型，可以更准确地了解水平井压裂参数对产能产生影响的原因。

2008年，有学者研究了水平井裂缝检测的井下微地震技术，并将其应用于大庆油田某水平井压裂作业中，与fracprop软件模拟结果一致。

2009年，有学者通过编制压裂水平井网自动优化软件实现了智能化管理和操作，有效提高了工作效率，优化结果比常规正交优化高出10%。

2010年，有学者提出了一种新的水平井压裂参数优化方法，即利用生物学中的遗传算法对压裂参数进行了优化，并通过正交分析对原有方法进行了改进。

2011年，有学者研究了全缝长集体压裂技术和由叠前弹性推导出的三维应力场，取得了先进的研究成果。

2012年，有学者建立了该类气藏多级水力压裂水平井 MFHW 完井技术模型，可计算压裂气量。

2013年，有学者以 BZ25-1 油田为研究对象，根据区块特点研究了海洋低渗透油藏水平井压裂参数优化方法，利用数值模拟软件 ECLIPSE 建立了模型，对压裂参数进行了优化。

2014年，有学者通过对中江沙溪庙气藏开发中遇到的困难进行研究，根据地质条件和实施压裂的障碍，总结出了分段压裂和参数优化的方法。

2015 年，有学者通过研究如何通过压裂改造提高致密油储层产能，总结了水平井压裂对产能产生影响的原因，提高了致密油开发能力。

2016 年，有学者根据体积压裂技术对致密储层水平井开发的影响，确定了体积压裂的概念和特点，并得出了影响体积压裂的原因。

2017 年，有学者通过研究水平井交替压裂技术，实现了水力压裂诱导应力对地应力的影响，并采用非连续法模拟了两条裂缝在压裂过程中的应力变化形式。

2018 年，有学者通过模拟页岩气在多种介质中的运移，并考虑不同介质模型的特点，建立了页岩气开发水平井压裂不稳态渗流数学模型。

2021 年，有学者以鄂尔多斯盆地致密储层低产水平井为研究对象，围绕大幅提高单井产量和采出程度目标，提出了融合体积改造、补充能量、渗吸驱油（简称"压补驱"）为一体的重复压裂优化设计模式。致密储层水平井"压补驱"一体化重复改造可以大幅度地提高水平井单井产量和稳产能力，对其他非常规储层提高水平井老井产量及最终采出程度具有一定的借鉴意义。

截至目前，我国水平井压裂技术处于分段压裂技术阶段，多采用体积压裂与同步压裂的方式开采油气资源，提升了油气资源的开采的产量。

五、水平井完井技术现状

尽管我国可以根据不同的油气储层、不同的井下作业和石油生产技术的要求，从质量上选择竣工方法，但还没有达到定量选择的程度。许多油田在选择完井方法时仍然依赖经验，并给后续操作带来了许多问题。

水平井的快速发展促使国内各定向井公司开展深入细致的研究和开发工作并且取得了长足的进步，主要体现在以下几个方面。

（一）超深短半径水平井

所谓的短半径水平井是指造斜率在 1° 或 1 m 以上形成井眼曲率的水平井，该类型的水平井能够用常规的井下工具和仪器完成施工，并且钻具在井下可以旋转钻进，该项技术在国内非常成熟，每年施工的井数在几十口以上，各项指标在国际上也是非常先进的。

（二）小井眼超短半径水平井

随着老油田的勘探和开发油藏的开采已进入中后期，报废老井增多，产能递减非常突出，通过套管开窗侧钻短半径水平井恢复报废井生产是解决老油田产量递减的一种手段。但对于大多数油田来说，水平井钻井成本难以接受，特别是东部油田。因此，小井眼超短半径套管开窗侧钻水平井是恢复报废井生产的另一种手段，即利用老井套管开窗侧钻，使用专用的造斜工具在 30 m 左右的井段内井斜角增至 90°，水平段长度不大于 100 m。

（三）分支水平井

分支水平井技术是水平井关键技术之一。所谓分支水平井即同一垂直井筒伸出两条或更多条水平翼的一口井。根据国外资料统计，双分支水平井可以降低钻井成本 20% ～ 30%。国外应用分支水平井技术开发油藏较早，苏联在 20 世纪 50 年代就已经开始研究分支水平井技术，到 80 年代初该技术已经非常成熟。西方各大石油公司分支水平井技术发展也非常快，由初期的双分支水平井发展到今天的多分支水平井以及分支的再分支水平井，分支水平井的技术关键是完井，各公司均有自己的完井技术和专用工具。相关资料显示，贝克公司开发了一种水泥衬管完井的分支水平井完井技术，该技术是第一分支水平井完钻后下入衬管，注入水泥完井，然后钻第二分支水平井井眼，在第二分支井眼中下入尾管注水泥固井，通过单独的生产管柱像其他单井一样投产。国内在分支水平井技术方面起步较晚，只有辽河和胜利钻成了分支水平井。

（四）薄油层水平井

薄油层水平井的油层厚度一般只有 0.8 ～ 1.2 m，也就是说，轨迹控制垂深变化范围仅为 0.4 ～ 0.6 m。因此，井斜角的控制是水平井轨迹控制的关键技术。

目前国内在不使用 LWD 和地质导向的情况下采取如下措施控制井眼轨迹。第一，使用低造斜率的单弯马达；第二，最大限度地缩短测量仪器到钻头的距离，选用短螺杆和短无磁钻铤；第三，轨迹预测和气测录井结合找油层。通过以上三种基本方法国内各家定向井公司在塔里木哈得熏油田薄油层的施工是成功的，穿越油层在设计水平段的 75% 以上。

第三节　水平井技术发展方向

一、国内外水平井发展趋势

水平井技术被称为石油工业第二次革命，已在全球范围内发展与普及，并应用于几乎所有类型的油气藏。水平井采油可以更好地挖掘剩余油潜力，提高采收率；可以提高低渗透油田的单井产量，降低生产成本；多适应于地面条件复杂地区及常规直井开采技术难以进行有效动用的薄差油层。当前水平井技术已经向整体井组和整体油田开发、多分支、侧钻、欠平衡等新型技术的方向发展。

随着水平井技术的发展，中国石油近年来发展也极为迅速。目前水平井规模已超过万口。水平井技术已经成为实现国内油气田开发方式转变和可持续发展的具有重要战略意义的技术。水平井研究多集中于设计、非常规油层开发等领域。水平井技术是采用扩大油层泄油面积的方法来提高油井产量、提高采油效率的一项开发技术，拥有常规直井技术无法比拟的突出优势：可以实现少井高产，高速高效开发新油田；可以较大幅度增加泄油面积，提高单井产量。

水平井多用于低渗透油田、常规技术难以有效动用的薄油层、地面条件复杂地区，水平井研究多以水平井的设计和开发效果分析为主。

二、水平井各阶段技术发展方向

（一）测井

油气等资源的勘探开发对象转向深层、超深层和极深层，方式转向大斜度井、水平井、超长水平井及大平台井丛，井眼尺寸转向小井眼及超小井眼，测量环境转向高温高压、超高温高压和极高温高压。为持续满足油田勘探开发的测井需求，"双模式、数字化、低功耗、高性能"的测井仪器将陆续研制配套，与勘探开发相关的各种新型测井工艺被运用，安全性更好、可靠性更高、适应性更强的高性能电缆和过钻具、钻具直推、连续油管输送等工艺技术持续升级配套。根据油气藏类型、井筒环境条件、现场配套资源，选择适合的测井方式，配套相应的工器具和优化施工流程，实现不同井型、不同井况下安全高效测井采集的测井工艺工具优选技术和测井工艺设计技术将成为近期攻关方向。

测井电缆系统转向高强度、高电气性能的平衡扭矩复合高性能电缆测井。斯伦贝谢公司推出了 Tuff LINE 30000 高拉力井下电缆工具，电缆采用了聚合物锁紧的铠装层突破技术和行业领先的 16AWG（American Wire Gauge）导体作为缆芯线，可以在 12 192 m 甚至更深的井中上提重量为 $80 \sim 130$ kN 的工具并进行测井采集。极深井（超万米）的电缆测井将通过强动力绞车系统与分车装载运输电缆和井口快速鱼雷电缆连接技术的创新配套来实现。这也是中国电缆测井技术发展攻关的重点方向。

测井仪器系统转向电缆直读、井下存储双模式的模块化、一体化和系列化成套系统测井作业，存储测井技术的发展极大地促进了测井仪器低功耗和微幅度信号的采集能力，促使测井仪器和工艺转向以下两个方向。

第一，以统一刚性外径的超小直径（Φ 55 mm 甚至更小）测井仪器为核心的过钻具测井，测井仪器性能相当于常规仪器，可以满足和适应大斜度、水平井等复杂井测井需求；

第二，以统一刚性外径（约 Φ 90 mm）的高强度测井仪器为核心的直推存储测井，超高温高压和强抗拉压扭性能优势显著，可以满足易喷易漏、深层超深层复杂井测井需要。该技术将逐步取代 Φ 76 mm 左右的小井眼测井系列并与随钻测井融合，发展成为通井测井系列和工艺。

全球油气勘探开发领域的不断拓展，为工程技术信息化和智能化发展带来了机遇，智能化的远程测井与数据服务及智能绞车、智能马笼头、智能装卸、智能打捞、智能维修等一系列配套测井工艺技术相继发展，发展智能化测井已是当务之急。

（二）试井

试井解释技术的发展目前主要有以下两个趋势。

第一，非常规试井解释技术更新需求日益迫切。随着页岩油等非常规开发规模的不断扩大，需要研究特殊岩性（页岩）和开采条件（各种压裂方式、驱替方式）下的流体渗流机理，建立对应的试井解释评价技术，实现页岩油的试井资料解释评价，为页岩油的开发提供有效技术支持。

第二，人工智能技术在常规试井解释技术中应用的时机已经成熟，需要开展相关研究工作。人工智能技术在石油行业内的各个领域都已经开始了应用研究，但是目前来说还比较初级，没有形成大规模的应用。对试井技术而言，人工智能技术会大幅提高试井资料的解释效率，极大减少现场解释人员的工作量，并且能够使得试井解释过程标准化，同时实现试井资料的全智能解释。目前大庆油田已经开展了相关技术的研究工作。预计两年内会有较大的进步和提高，届时会改变目前传统的试井人工拟合方法，带动试井技术的发展。

（三）完井

1. 分段完井技术

在分段完井技术的开发中，必须合理应用油水膨胀封隔装置，该装置可保证分段完井技术满足耐高温、耐高压的效果。在进行多层油藏处理期间，可采用分层完井技术、筛管完井技术，此外，还可借助遇油水膨胀的封隔设备，经验表明，上述设备的处理效果良好；再者，还可针对上述相关设备进行优化，充分考虑其在防砂完井分层处理方面的可行性。对应封隔设备使用后，可降低完井复杂度，与高压井完井、海上完井等较为类似，能明显提升完井施工的安全等级和效率。

2. 找水、堵水技术的分析

在水平井完井技术的发展中，相关人员要切实进行找水测井技术的研发，并及时进行优化处理，同时要结合水平井测试手段要求进行相关配套设备设施的优化，力求研发获得更为高效合理的先进技术手段。

另外，业内相关人员在处理中，要加强对水平井渗流现象的分析，并结合相关规律进行探讨，还要积极进行水规律预测模型的研发和分析。

此外，对高水平技术，如类似筛管完井技术的水平井堵水手段也需及时进行研发，新时期还可借助化学封隔法来达到预期目的。

3. 水平井井筒的检测

结合当下工程项目实践，在水平井井筒的检测处理中，最为普遍的便是铅印技术。常规铅印技术具有效果良好的优势。从长远发展角度出发，一直采取铅印技术将会逐渐无法满足高层面水平井修井要求。针对这一情况，可借助水平井井筒检测手段对其进行完善。合理应用井下电视等新技术，还可借助组合配套超声波测井技术等进行完善，保证水平井检测效果的稳步提升，从而实现高效、实用的最终目标。

4. 水平井完井技术的多元化发展

水平井完井技术与传统直井完井技术相比，更具优势；随着时代的快速发展，多元化完井技术将会成为主流，一般完井技术更需要进行有效配管处理。在常规水平井完井技术的发展中，需考虑分段完井技术的发展。在低渗地层、存在缝隙孔洞的碳酸盐区域中，相关人员提出可借助裸眼分段的方法进行处理，在力求保证低渗地层的完井能力的基础上，还要积极进行产量方面的优化管理，合理借助耐温耐压的井下封隔器，保证完成分段完井效果。在射孔操作中，要加强设计思路的优化，避免照搬照抄垂直井设计思路，要及时进行变参数技术的推广，保证射孔技术水平的全面发挥。一方面要满足底水生产要求，避免底水影响；另一方面，未出现底水期间，还可保证均衡排液目标的实现。

当下，在国内完井技术的开发中，针对工具发展与完井技术理论发展不完全一致的现象，相关人员必须积极进行理论方面的完善、技术方面的升级，力求快速找到适合新环境的完井工具。

第三章　水平井钻井技术

水平井钻井技术作为最具代表性的钻井技术，已经在世界范围内推广应用开来，成为保障能源安全的重要开发技术，当然，为了水平井钻井技术能够得到更好的发展与运用，我们需要从各个方面对水平井钻井技术进行研究。本章分为水平井的钻具设计、钻井液侵入与污染机理、水平井地质导向钻井技术、水平井泥浆工艺钻井技术四部分。

第一节　水平井的钻具设计

一、水平井钻具相关设施

（一）稳定器

国内一些研究机构从 20 世纪 90 年代就已经开始研制遥控变径稳定器，先后开发了提压钻柱式、投球式、排量控制式 3 种遥控变径稳定器，在此，我们以一种通过开关泵瞬间的水力压差完成变径伸缩工作状态切换的遥控变径稳定器为例。该变径稳定器主要由变径结构、变径执行机构、变径控制机构、花键套控制机构和密封系统等组成。

变径结构主要由变径壳体、心轴、复位弹簧、小活塞（扶正块）等组成。在稳定器本体内螺旋布置 3 组能径向伸出的小活塞，当小活塞伸出时，本体外径增大且旋转时相对井壁尺寸连续，小活塞不伸出时，稳定器本体尺寸不变。

（二）机械液压式随钻震击器

机械液压式随钻震击器包括液压延时机构、机械锁紧机构、上下打击机构、上下密封机构、转矩传递机构、上下连接机构 6 部分。液压延时机构由阀体心轴、下筒体、阀体总成、活塞和下接头组成；机械锁紧机构由弹性机构总成、卡瓦心轴、卡瓦、卡瓦套、上击调节螺母、下击调节螺母、调整套、隔套及衬套组成；

上下打击机构由上筒体、背母和卡瓦心轴的台阶面组成；上下密封机构由上密封组件、下密封组件和刮泥圈组成；转矩传递机构由花键心轴、扶正体、花键体、连接体、上筒体、下筒体、中筒体和下接头组成；上下连接机构由花键心轴和下接头的两端连接螺纹组成。该锁紧机构各部件间摩擦力较小，同其他结构相比，使用寿命大幅提高。上下震击一体，上下震击释放力在井口分别可调且调节操作简易，调值准确稳定。产品性能受高温、腐蚀性介质等工作环境影响小，适用于各种工况下的随钻作业。液压延时机构由阀体心轴与阀体总成组成，二者通过合适的配合可以有效地保证心轴在机械部分释放后，系统进入液压延时阶段。结合钻井工艺和现场操作的需要，适当地延长时长使得震击器以下钻柱被弹性拉伸，大幅提高了震击和解卡效果。其中，阀体总成由阀体、阀销、阀芯、丝堵等组成。

（三）脉冲内磨钻头

脉冲内磨钻头由赫姆霍兹振荡器、下喷旁支流道、抽汲腔、反向高速流道、混合腔、加速腔、内磨腔、内磨体和扩散腔组成。赫姆霍兹振荡器由进给腔、谐振腔、反馈腔、分流区组成。脉冲内磨钻头不同于常规的 PDC 钻头，它由脉冲生成装置、负压抽汲装置和岩屑内磨装置组成，结构上没有排屑槽，取而代之，岩屑流经抽汲腔—混合腔—加速腔—内磨腔—扩散腔循环排出。

二、水平井钻具设计对策

许多作业者第一步所采取的方法是划定水平段的长度范围，水平段长度为500 ft 最稳妥，1 000 ft 为合适，2 000 ft 为雄心勃勃，4 000 ft 相当于创纪录。如果水平井段长度达到 1 000 ft 未必真正是阻力和扭矩的限制。在这个长度内与阻力、扭矩有关的作业问题还可以是其他问题，例如，岩屑的沉淀或井壁的黏卡等。当我们在做一口水平井的最优化费用预算时，必须掌握实际的限制因素。影响扭矩和阻力限制的因素有以下几点。

①水平段的长度。

②钻具设计：加重钻杆、在水平段的钻杆、所需钻压。

③摩擦系数、钻井液类型。

④钻井设备的能力：扭矩、提升能力、顶部驱动。

⑤水平井钻井工艺：地面旋转、可控马达系统。

如果设计的水平段长度为 2 000 ft，则需要考虑摩擦扭矩和阻力对钻进的影响。扭矩和力的分析必须包括预测钻具未接触井底旋转时的阻力和摩擦扭矩及地面旋转钻井，可控马达钻进和起下钻时的阻力因素。而且还要知道钻具的各部分在井眼弯曲段由弯曲负荷产生的应力。

在水平井的钻具设计中，在减少钻具下部结构和加重钻杆重量的同时，应尽可能提高有用的轴向重量，使水平段尽量钻得长些。但又必须考虑到轴向重量所引起的钻具弯曲，使钻具弯曲限制在允许的范围之内。因此，在中曲率半径和短曲率半径的水平井钻进中，从造斜开始点（KOP）到水平段终点之间的钻具结构是特殊的钻具结构。

同样，在短曲率半径的水平井中，从 KOP 到总的井深之间使用的是柔性钻杆和非转动的弯曲导管。中曲率半径和短曲率半径的水平井多使用特殊的钻具钻进，长曲率半径水平井的钻具结构，目前各石油公司及承包公司多采用加重钻杆或带螺旋槽的加重钻杆来代替常规钻井下部结构中的钻铤位置，也有的少数采用加入少量钻铤的做法（一般两根钻铤）。在 KOP 位置较高、垂直深度较浅的一些水平井中，在下部钻具结构中各部件的曲率限制以内，为了获得较大的轴向负荷，把常规钻铤加在垂直井段以增大水平钻进的轴向力（钻压），使水平井段钻得长些。钻具设计中所采取的这些对策都是为了克服摩擦阻力、摩擦扭矩对水平井钻进的影响。

第二节　钻井液侵入与污染机理

一、钻井液的相关概述

（一）钻井液的分类

钻井液是指在钻井过程中，能在孔道里不断循环的液体，钻井液能够确保钻井可以安全、高效地进行，主要起润滑钻头、井壁稳定和携带岩屑等作用。为了满足不同的钻井需求，研发出了不同钻井液，其中水基钻井液应用比较广泛，而油基钻井液应用比较少。

1. 气体或气基钻井液

气体钻井液通过向井筒注入高速气流、氮气或天然气来去除钻屑。采用起泡剂将水流与空气雾化混合，形成泡沫流体后使用，常用于低压钻井条件。采用气基体系进行钻井操作具有较小的钻井液流通损失和较高的钻具冷却效率等特点，但气基体系钻井液需要特殊的空气压缩机、管线等设备来进行制备，以确保其性能满足现场钻井的需求。

2. 水基钻井液

在水基钻井液中，固体颗粒悬浮的连续相可以是淡水、海水、盐水等，而油可以在其中乳化为分散相。水基钻井液成本低、环境友好，是陆上和海上钻井使用最广泛的钻井液。但是随着钻井勘探向着非常规储层发展，在易水化地层、地热井等钻井条件下，油基钻井液表现出更好的性能。

3. 油基钻井液

油基钻井液，是通常将油作为分散剂的一种悬浮体和溶胶的混合物，并以加重剂、各种化学处理剂及水等为弥散相。自 20 世纪 20 年代起，原油就已经作为钻井液使用，在保护油气层方面起重要作用，但也存在不稳定、滤失量大等较多缺点；1939 年全油基钻井液被研制出来，其成分主要包括柴油、沥青、乳化剂和 7% 以内的水，抗高温却易着火；直到 1950 年前后，油、水、乳化剂混合的钻井液产品出现，此类型钻井液燃点高，利于井壁稳定；为践行环保准则，自 20 世纪 80 年代，基油开始偏向于使用低毒矿物油，随着环保部门毒性指标要求的严格，钻井液产品在保留所有优点的同时，更加注意环保性，直至今日都在不断研制和使用。因此一般认知的油基钻井液是指以混油基、柴油基、白油基等作为连续相，并加入合适乳化剂、润湿剂、固体处理剂和加重剂等所组成的油包水乳化钻井液。

4. 合成基钻井液

合成基钻井液不仅具备油基钻井液的优良性能如机械钻速高、润滑性好、有利于保护油气层和井壁稳定等，还可以在不影响环境的情况下排放。另外，有些合成基液完全不含荧光性的芳香类物质，能彻底解决因为油基钻井液而影响到测井和试井等相关资料解释的难题。

（1）合成基钻井液组成

合成基钻井液与油基钻井液的本质区别是使用可生物降解及无毒的合成或者改性有机物取代了油基钻井液的基础油，基液不含芳香烃物质，并且物理性质与柴油或者矿物油相近，可与有机土壤、水或高浓度盐水混合使用，形成乳化体系。常用的油包水乳化合成基钻井液的主要组成部分有合成基液、分散液相、分散固相（有机土）、降滤失剂、乳化剂、降黏剂、增黏剂、流型改进剂、稳定剂、石灰和增重剂。其中乳化剂是合成基钻井液整个体系中最重要的组成部分。

合成基钻井液不同类型的命名方法主要是以其基油的名字来进行命名的。这是由于基油在体系中含量最高，对整个钻井液体系的物理化学性质和作业性能起着基础性的作用。而体系中其他添加剂的选择和研发也都是围绕着基油的成分和性质而设计的，其中合成基钻井液研制的核心思想：使用一些可降解的、符合环保要求的植物油以及由人工合成或者改性而形成的基础油替代传统油基钻井液中无法满足环保要求的基油。

而这些替代品必须满足以下三个条件：第一，具有与柴油或者矿物油相似的物理性质；第二，毒性低或无毒；第三，在好氧条件或者厌氧条件下均能进行生物降解。

（2）合成基钻井液类型

目前所使用的合成基钻井液通常是根据基液的类型来进行划分的，如今已开发的并已经在现场得到成功应用的合成基钻井液种类（不包括混合基液）主要有两代总共八大不同类型。

第一代合成基液有酯、醚、缩醛、聚 α - 烯烃四种。

酯基钻井液。酯基钻井液是目前为止最早被成功应用于实际现场的合成基钻井液。其中合成酯（R1COOR2）通常是由植物油脂肪酸与醇经过一系列反应制得的。这些植物油脂肪酸来源非常很广，主要有菜籽油、椰子油、豆油、棕榈油等。酯分子中由于存在极性较强的碳氧双键，所以润滑性能极好。也正由于酯分子极性比柴油等纯烷烃类分子的极性大，酯基钻井液的抑制性比传统油基钻井液稍差，但仍比水基钻井液强得多。而且通过合理的配方设计以及其他添加剂的配合，完全可以达到与油基钻井液相当的作业性能。酯分子中的酯基极性较强，非常活泼，在酸性或者碱性的条件下容易发生水解反应，从而生成相应的羧酸或者一部分的醇。这就使得酯基钻井液拥有非常快的生物降解速率，所以表现出环保性能特别优良。与此同时，这也使得酯存在热稳定性不够好的缺点，因为在高温和碱性条件下水解程度会大大增加。不过根据很多文献报道，研究学者通过调整烷基的支链 R1 和 R2 可以在一定程度上大大提高热稳定性和抗酸或者抗碱能力。相对于其他几种基液而言，酯基液的黏度较高。这表明其流变性的控制会产生一些困难。合成酯相对于天然酯纯度更高，具有的稳定性更好，同时不含任何有毒性的芳香类的物质。

醚基钻井液。众所周知，醚的分子结构主要是 R1-O-R2，其中不含任何的芳香类物质，表现出来的物理性质与酯的物理性质相类似。其中酯和醚其实都属于非离子类型的表面活性剂，它们在液体中均不会发生电离。而且醚的性能相对更加稳定，而且抑制性和抗盐、抗钙、抗碱等的能力非常强。目前，现场常使用比单醚类更容易发生生物降解的变体二乙醚进行研究。但是，总体而言，醚的生物降解性还是不好，只是其具有生物毒性很小的优点。而且醚的热稳定性比较差，根据相关的文献报道，在部分醚基钻井液现场使用的过程中，流变性能发生异常变化的温度主要是 75 ℃，因此它在高温深井中进行应用的进程受到了限制。

缩醛基钻井液。缩醛基钻井液是由醛类通过缩合反应制得的，其具有的运动黏度和闪点均低于酯、醚等，其他相关的物理性质与上述两者相似。但是，由于其成本实在较高，现实使用较少。

聚 α - 烯烃基钻井液。已用于现场钻井的聚 α - 烯烃主要是通过对直线型的 α - 烯烃进行一系列催化聚合反应（如 1- 辛烯、1- 癸烯）而合成的。其聚合程度较高。在其较长的分子链端部有碳碳双键，从而可被微生物氧化降解。另外分子中双键的存在更有助于其中的液相从钻屑中向外进行分散。聚 α - 烯烃基钻井液中不含芳香烃和环烃化合物，无毒。其物理性质与白油类似。而且聚 α - 烯烃是不会在常规的生物体内进行积累的，对海洋生物更是无毒的［致死中浓度（ LC50 ）大于 1 000 g/L］。与此同时，由于聚 α - 烯烃完全是由人工进行合成得到的，实际完全可以通过选择不同的单体和控制不同的反应条件对它的化学组成以及结构特征进行人为的调控，从而来满足不同钻井液所需的性能要求。聚 α - 烯烃的另一个非常突出的优点是它的性能一般是不会随温度、pH 值的变化而发生改变的。而酯类材料在碱性的条件下及酸性气体入侵和高温条件下都可能发生分解。因此， α - 烯烃类物质具有更好的稳定性。不过聚 α - 烯烃由于分子链较长，生物降解速率较慢，而且较长的分子链意味着较大的黏度，这给它的流变性调控带来了一些问题。因此，针对第一代合成基钻井液存在的问题，同时也为了降低合成基钻井液的应用成本与油水比例，专家学者们研制了第二代合成基钻井液。

第二代合成基钻井液主要包括线性 α - 烯烃（LAO）、异构烯烃（IO）、线型石蜡（LP）和线性烷基苯（LAB）这四种。

线性 α - 烯烃基钻井液。线性 α - 烯烃是碳原子数为 14 ～ 20 的偶碳原子数的线性烯烃，分子链的第一和第二碳原子间以双键连接。

线性 α - 烯烃具有以下特点：第一，生物聚集能低，可生物降解，但毒性相对较高；第二，具有比传统的油基钻井液更加稳定的流变性能，更有利于提高钻进的钻速，可大大减小扭矩和摩阻，使得井眼清洗和具有较强的携岩能力，当然在钻屑上的残留量也极小；第三，具有较强的抗温能力；第四，对大倾斜井眼具有很好的清洁性能，钻出的钻屑可以保持原来的状态，不受钻具反复磨损的影响，在实际应用中，在钻井液系统中添加的增稠剂和某些表面活性剂数量很少；第五，其能够在很短的时间内马上形成凝胶的结构，而且后期容易进行破胶，下钻摩阻极低；第六，机械钻速比油基钻井液提高约15%，井眼稳定性好；第七，钻井成本比油基钻井液低。

内烯烃基钻井液。内烯烃化学组成与线性 α - 烯烃的组成基本相同，同样都是不存在支链的线性的有机物。而且它由线性的 α - 烯烃进行异构化后而形成的，它们二者的结构差异也是内烯烃的双键位于分子内部而不像 α - 烯烃那样位于分子端部。与聚 α - 烯烃相比，内烯烃有较低的运动黏度，倾点比 LAO 还低，这很有可能是其内部的双键使它在冷却的时候不能够均匀地裹在一起的原因。内烯烃的成本也相对较低，但毒性较大。

线性石蜡基钻井液。除了分子不含双键外，其余性质与 LAO 和 IO 相似。一部分线性石蜡基液既可通过一些单纯的合成路线所制得，又可以通过一些加氢裂化或利用分子筛方法的多级炼油加工过程或者方法制得。众所周知，目前国外所使用的线性石蜡基钻井液中大多数还是通过炼油加工生产制得的，所以这些线性石蜡基钻井液也被称为假油（Pseudo-Oil）基钻井液。其实严格地讲，这些炼油加工中所生产的线性石蜡基钻井液同样是通过提炼手段生产出来的，根本不能算作是真正意义上的合成基钻井液。但此法生产的成本较低。由于不含双键，线性石蜡基钻井液与具有相同碳原子数的线性 α - 烯烃基钻井液和内烯烃基钻井液相比，它具有更高的倾点以及动力黏度，所以要通过调整基液的组成来获得更合适的流体性质和特征，那就需要将不同相对分子质量的线性石蜡充分混合在一起。部分线性石蜡基钻井液体系也适用于许多高温深井复杂地层以及海上钻井等，其具有加重性能良好的特点，其体系抑制性、润滑性能和储层保护性能均远远优于柴油基钻井液体系。线性石蜡基钻井液性能稳定，降解速率适中，缺点是含有少量的芳香烃，所以毒性比酯、醚和聚 α - 烯烃基钻井液高。

线性烷基苯基钻井液。苯与长链烯烃烷基化生产的线性烷基苯是生产线性烷基苯磺酸盐的重要中间体，同时也是润滑油改质的重要成分。线性烷基苯磺酸盐类阴离子表面活性剂具有乳化性能好、表面活性高、可生物降解等特性，一直是合成洗涤剂的主要成分，线性烷基苯在国内外市场上的需求一直稳定增长。线性烷基苯的化学性质与甲苯的性质类似，但其与苯环直接相连接的是长链的烷基。虽然其成本相对较低，但其中还是含有一些芳香烃等毒性物质，环保性能不如其他几种合成基钻井液。另外还含有少量荧光类物质，对测井和试井资料的解释有一定的影响，故实际中使用较少。目前应用较多的有酯类和异构烯烃基钻井液。

相较于第一代，第二代合成基液普遍具有黏温性能更稳定、生物降解速度更快、成本也更低的优点，更适合应用于高温深井。但其毒性一般大于第一代合成基钻井液。在经历两代合成基钻井液后，气制油合成基钻井液在 2000 年作为第三代合成基钻井液被研发出来，其基油主要通过天然气利用催化加氢进行合成，不含芳香烃和硫等有害物质，它既具备传统油基钻井液所有的优点，同时还具有闪点和苯胺点相对较高、运动黏度相对较低、对环境友好等显著优点，且易生物降解，有助于保护环境，但是生物需氧量（BOD）高。

（二）钻井液的功能

钻井作业与钻井液的使用密不可分。钻井、勘探和开发过程都离不开钻井液，钻井作业能否安全、成功完成与所使用钻井液性能密不可分。钻井液的主要功能主要体现在机械钻井过程及其与地层的相互作用中。实际上钻井液是一种复合的均质流体，通常由连续相液体、固体和化学添加剂组成，它的主要作用是辅助机械设备完成钻井任务。钻井液的主要功能有以下几种。

1. 冷却、润滑钻头和钻柱

钻头在钻进时与地层岩石发生剧烈摩擦，从而击碎岩石形成钻屑，循环在钻柱和井壁环空中的钻井液带走摩擦产生的热量，同时降低钻进过程的摩擦力，起到保护钻具的作用。

2. 输送岩屑和悬浮加重剂

钻进的深入使得钻屑逐渐积累，钻头难以接触新的地层使得钻进难以继续进行。钻井液通过中空的钻头进入井底后，携带累积的钻屑从钻柱与井壁之间的环空区域流回地面，从而提高钻井效率。当循环中断时，钻井液将钻屑和加重剂悬浮其中，防止沉降。

3. 保持井筒稳定性，平衡地层压力

岩石裂隙中含有的流体使得地层具有一定的压力。在钻井实施过程中，钻井液主要用于平衡地层压力从而防止钻井液渗流或井喷等钻井事故。当地层压力与井筒压力差别较小时，井壁受到钻井液的润湿，容易出现垮塌现象，因此需适当提高钻井液的密度，防止此类事故发生。

钻井液对于钻井工程具有重要意义。由于钻井液在钻井作业中承担多种功能，为了应对不同地质情况下所遇到的不同环境，需要复杂的钻井液组成来调控相关的性能以满足钻井需求。

（三）钻井液技术的发展趋势

1. 钻井液处理剂发展趋势

第一，在廉价且天然的材料开发方面，在对物料的加工处理中，要注意对天然高分子材料的生物活性和抗氧化处理，在进行物料制备时，要选用化学稳定性较高并且成本低的处理剂。

第二，在耐高温方面，要开发出更好的增黏剂，并适应井下工作的各方面要求，使深井工作能够快速开展。

2. 钻井液工艺的发展趋势

第一，在小密度和超低密度工作领域。加大对钻井液工艺技术的研究，以适应深井作业的需要。

第二，在提高机器钻速工作领域。由于现阶段在机器钻速工作领域，钻井液工艺技术的生产仍然没有达到实际要求，所以需要进一步加大研究。

第三，考虑未来钻井液工艺技术的现实发展趋势，要减轻坍塌压力，以达到良好的稳定下沉的效果，这也是钻井液工艺技术的另一个重要发展领域，在抵抗高温和高压的工作领域，钻井液工艺技术还必须经受起高热环境条件。

第四，要注重大位移井和水平井的钻井液技术，以增强钻井液技术的现实发展能力，这方面的发展前景是比较好的，必须以满足需求的钻井液技术为支撑。

在钻井液技术的实际发展中，随着油田钻井的施工环境越来越复杂，施工工艺也更加多样，所以必须重视对钻井液技术的研究，但现阶段钻井液的性能和产品并不丰富，在许多领域都已无法适应深井施工的实际发展，因此必须提高钻取施工技术水平，以适应现实的发展需要，在钻井液技术领域必须加大经费和政策上的扶持，以进行根本性的技术创新，而并非只是名称形式的改变。

二、钻井液侵入机理

在钻井过程中，由于储集层中孔隙压力小于井筒中的钻井液柱产生的压力，形成一个正向压差，导致钻井液侵入储集层的现象出现。从宏观角度分析，钻井液侵入储集层的过程以渐进的形式展现出来，使得井筒周围的储集层形成侵入带和原状地层径向排列，其中侵入带又包括冲洗带和过渡带。

冲洗带是指最靠近井筒，受到钻井液滤液冲刷最强烈的区域，通常深度变化幅度较小，一般在 0.1 ～ 0.5 m 范围内；过渡带是指位于冲洗带外侧的区域，受到的驱替作用由内向外逐渐减弱，通常深度变化范围较大，具体数值取决于储集层物性条件和钻井条件。原状地层是指未被钻井液冲刷到的储集层，原状地层孔隙中的流体仍保持初始状态。

钻井液的滤失过程包括瞬时失水、动滤失以及静滤失。

瞬时失水过程是指当钻井工作开始时，在井眼形成的瞬间，钻井液渗透进入储集层的阶段，瞬时失水过程中井壁周围来不及形成成型的泥饼，这一阶段非常短暂，大约持续几秒钟。

动滤失过程是指在接下来的钻井过程中，钻井液不断进入井筒，在井壁外部区域形成泥饼，钻井液滤失量经历由多至少的变化，直到恒定的阶段。

静滤失过程是指停钻之后，钻井液不再进行循环，此时外部泥饼继续增厚，钻井液滤失量逐渐减小的阶段。这一阶段的渗滤过程主要由泥饼控制，仍然服从达西定律。接下来，泥饼不断受到钻井液的冲刷，动滤失过程和静滤失过程循环出现，直到泥饼自身厚度达到动态平衡。在大部分情况下，钻井液积累滤失量中约有 5% 来自瞬时失水过程，有 10% ～ 20% 来自静滤失过程，其余 80% ～ 90% 均来自动滤失过程。一般来说，泥饼厚度随滤失量的增加而增加，而滤失量也受泥饼的渗透率影响。

钻井液侵入储集层的过程中包含三种物理变化过程，分别为驱替过程、混合过程和扩散过程。在渗透压差的作用下，钻井液渗透进入井筒附近的储集层，将地层孔隙中的原始流体驱走并占据存储空间的过程称为驱替过程，一般发生在冲洗带内部，主要驱动力来自渗流压力差，流体运动服从达西定律以及多相渗流方程。钻井液进入储集层后与地层孔隙中的原始流体混合在一起的过程称为混合过程。钻井液遇到矿化度不同的地层水时，在两种液体的接触面上发生离子扩散作用的过程称为扩散过程，主要驱动力来自钻井液和地层水之间的离子浓度差，流体运动服从对流扩散方程。混合过程和扩散过程主要位于过渡带内部。一般来说，随着钻井过程的进行，冲洗带中的原始地层流体几乎全部被钻井液取代，只剩下少部分剩余油；过渡带内只有一部分原始地层流体被驱替，而原状地层中的原始流体则未被驱替，仍然保持初始状态。

三、钻井液污染机理

（一）钻井液中的污染

1.钻井液中的固相污染

为了提高和增强钻井液流体的造壁性和流变性，保持钻井过程中井壁的稳定，钻井液中需加入多种固相颗粒，主要有膨润土、暂堵剂、加重剂及钻屑等。这些固相颗粒在正压差的作用下，会进入半径大于自身颗粒半径的储集层孔隙或裂缝中，并沿着地层中弯曲的通道进行运移，最终在孔隙骨架内滞留和沉淀，这会造成储集层中孔隙的结构恶性变化，导致地层中有效孔隙度不断下降，渗透率不断减小。一般来说，固相颗粒侵入储集层的深度在 5 cm 左右，但造成的地层渗透率下降程度却能够达到 75%。

钻井液对储集层造成的固相伤害程度与注入泥浆中固相颗粒数量呈正相关，其中伤害程度最大的是颗粒分散度最高的膨润土。另外，钻井液的固相伤害也受钻井过程中的压差大小影响。

根据以上分析，我们可以得出的结论是，除了钻井液中不可缺少的膨润土、加重剂和暂堵剂之外，必须尽可能减少钻井液中不必要的固相颗粒组分，并且按照储集层实际孔喉直径仔细筛选与之匹配的固相颗粒尺寸、粒径和数量，以此降低固相颗粒侵入储集层的数量和深度。钻井液对储集层造成的固相污染主要来自以下三种固体颗粒。

一是钻井过程中钻井液本身包含的固体颗粒，其中一部分是维持钻井液基本物性参数（密度、黏度、流变性等）而加入的膨润土、暂堵剂等；另一部分是钻井过程中进入的钻屑、沙子等。

二是由于储集层不断受到钻井液冲刷，在流体的作用下发生运移的地层内部原生颗粒。

三是在流体不配伍性的作用下，钻井液侵入储集层孔隙介质后发生多种有机或无机化学反应所生成的沉淀颗粒。

宏观上，钻井液对储集层造成的固相伤害会依据固体颗粒的尺寸不同在储集层中形成三个区域：外泥饼区、内泥饼区和颗粒侵入区。外泥饼区是指固相颗粒粒径尺寸大于岩石表面孔隙尺寸，未能进入岩石孔隙的固相颗粒沉积区域；内泥饼区是指固相颗粒粒径尺寸小于岩石表面孔隙尺寸且大于孔隙喉道尺寸，进入孔隙内部却未能通过孔喉而沉积的区域；颗粒侵入区是指固相颗粒粒径小于孔隙喉道尺寸，能够进入孔隙内部且未滞留在孔喉处，最终在孔隙壁面上受吸附作用影响形成的滞留区域，区域内的固相颗粒仍然会使储集层渗透率降低，甚至会在钻井液的滤失作用下引起喉道中固体颗粒的新一轮运移，进而产生新的阻塞。

微观上，钻井液固相污染的主要固体颗粒滞留机理包括表面沉积、孔喉堵塞、孔隙充填、屏蔽和外部泥饼形成四种。

其中，孔喉阻塞机理又包括堵塞和封闭、限流以及桥塞三种。

固相颗粒在储集层中发生运移需要满足以下条件：临界盐浓度大于实际盐浓度，临界剪切应力小于实际剪切应力，临界颗粒浓度小于实际颗粒浓度。如果不满足这些情况，固相颗粒很难在储集层孔隙中发生运移，也就避免了在孔喉处被捕获以及阻塞喉道的后果。因此，在剖析了钻井液的固相污染机理后，通过采取有效措施和针对性手段可以减小固相颗粒对储集层造成的污染状况。

一般来说，钻井过程中高质量的泥饼形成所需条件包括三种。

第一种要求泥饼形成速度快，泥饼的形成速度与井壁的稳定程度呈正相关关系。泥饼的快速形成能够防止钻井液滤液及固相颗粒的混杂，并且起到防漏防卡的作用。

第二种要求完井过程结束后滞留在岩石孔隙外部的外泥饼能够被轻易清除、剥落或溶解。

第三种要求形成的泥饼厚度小，密度大。在保证颗粒粒径与孔喉直径匹配性良好，钻井液浓度适当并且压差足够大的条件下，固相颗粒会在井筒附近区域形成致密固体阻塞，这种方式形成的泥饼渗透率远远小于储层渗透率，也就减小了钻井液中的固体颗粒和滤液的侵入，进而降低了钻井液对储集层的伤害程度。这项促进高质量泥饼形成的技术被称为屏蔽暂堵技术，是钻井过程中防止钻井液固相颗粒危害的重要技术手段。

2. 钻井液中的液相污染

一般来说，钻井液中的粒径尺寸偏大的固相颗粒和存在于井筒附近的致密泥饼能够在一定程度上防止储集层受到污染，固相颗粒往往只能运移到很浅的范围，运用定向射孔等完井技术可以较轻易穿透井壁附近的固相污染区域。但是，对于钻井液中的滤失量偏大的液相流体来说，在正压差的作用下，滤液可能穿透泥饼，进而对较大区域范围内的储集层造成污染，如果钻井液滤液与储集层自身性质配伍性较低，甚至会造成不可逆转的严重损害。本章将钻井液中的液相污染划分成物理损害和化学损害两种加以分析。

（1）物理损害

物理损害包含以下几种。

1）微粒运移损害

原状地层中原本就包含大量粒径在 $0.5 \sim 37\ \mu m$ 范围内的矿物微粒，主要有黏土颗粒、云母、石英等。在没有外部压力作用的情况下，矿物微粒相对稳定地附着在岩石表层上。在钻井过程中，会发生钻井液滤液侵入原状地层，对矿物颗粒进行高速冲刷或由于流体的压力梯度而产生其他外力，使矿物微粒自岩石表面脱落，与孔隙空间中的流体共同发生运移。在矿物颗粒流动到孔隙喉道位置附近时，比孔喉直径大的矿物颗粒将被捕获，发生滞留或沉积，进而阻塞孔隙，减小储集层渗透率。地层矿物颗粒在外力作用下开始发生运移时的速度被定义为临界流速，当井筒中的钻井液流速大于临界流速时，矿物颗粒会发生运移并阻塞孔隙空间。影响临界流速的因素有很多，主要包括地层胶结性、矿物颗粒粒径、孔隙空间形状分布、岩石和微粒的润湿性、地层温度等物性条件。

2）水锁损害

在通常情况下，原状地层在钻井工程开始之前往往处于"亚束缚水"状态，在钻井工程开始后，随着钻井液的侵入，在正压差和毛细管力的作用下，储集层会出现剧烈的吸水过程，造成水锁损害。水锁损害是指在钻井液滤液侵入水润湿的储集层孔道过程中，油水界面处将产生凸向水相的弯液面，形成新的附加毛细管力，只有储集层的能量大于该力与钻井液滤液自身流动的摩擦阻力，才能将水段阻塞驱走，推动油相继续驱动水相运移，否则将使油相渗透率减小的过程。孔道半径越小，新的附加毛细管力就越大，因此，渗透率低的油藏中由于孔喉半径偏小往往更易发生水锁损害，而渗透率高的油藏中孔喉半径较大，新的附加毛管力相对很小，储集层驱替能量很高，受到的水锁损害比较小。

3）贾敏损害

钻井液滤液侵入储集层的过程将导致储集层的含水饱和度上升，原油饱和度减小，油相流动遇到的阻力上升，最终使储集层渗透率减小。按照附加毛细管力产生的原因不同可划分成水锁损害和贾敏损害两种。岩石孔隙中的非润湿相液滴对润湿相流体产生新的附加毛细管力最终使储集层渗透率减小的过程称为贾敏损害。同水锁损害类似，贾敏损害的影响程度与储集层渗透率大小成反比。对于渗透率较低油藏来说，随着开发过程的深入，地层含水量会逐渐升高，含油饱和度越来越小，许多油相液滴产生的贾敏损害会在油藏开发过程中产生巨大阻力，一方面存在许多剩余油滴被捕获成为残余油，另一方面会对当前存在的油相流动通道造成阻塞。

4）应力敏感损害

在油气开发过程中，钻井液滤液的侵入会在储集层中形成正向压力差，改变原始地层的应力场，由此将引起应力敏感损害，导致微裂缝闭合、孔隙空间降低等现象出现，最终使得渗透率减小。在欠平衡钻井过程中，储集层孔隙压力大于井筒内部压力，比起过平衡钻井的情况，近井地带储集层需要负担的有效应力升高，随之产生的应力敏感损害增大。在渗透率较低的储集层中，几乎只能依靠微裂缝连接孔隙空间区域。因此，在有效应力作用下的微裂缝如果受到损害导致闭合情况出现，储集层渗透率会在很大程度上减小，更严重的情况还可能会使储集层渗透能力全部消失。在微裂缝出现闭合的情况下，虽然有效应力可能会再次降低，但产生闭合的微裂缝却无法恢复渗流能力，也就是说，应力敏感损害过程不可逆。

（2）化学损害

在钻井过程中，侵入储集层的钻井液滤液包含多种化学组分，原始地层中的固体或流体自身也包含多种化学组分，如果二者配伍性很差，则将导致地层中发生各种化学反应，生成沉淀或乳化作用等，降低储集层渗透率，这种损害过程称为化学损害，主要包含以下几种损害情况。

1）水敏性损害

在钻井液侵入地层的过程中，如果地层水矿化度大于钻井液滤液的矿化度，那么储集层会受到水敏性损害，比如储集层中的水敏性矿物发生水化膨胀、分散甚至脱落等现象，造成储集层渗透能力减小的后果。在常见的黏土矿物中，蒙脱石造成的水敏性损害程度最高，高岭石、绿泥石造成的水敏性损害程度较低。在储集层物理特性无显著差别的情况下，储集层中的水敏性矿物含量与储集层受到的水敏性损害程度呈正相关关系。如果水敏性矿物的含量、存在状态等无显著差别，随着储集层渗透能力的升高，储集层受到的水敏性损害程度越大。储集层受到的水敏性损害程度还与钻井液滤液的矿化度呈反相关关系，与钻井液滤液矿化度减小速度呈正相关关系。如果钻井液滤液矿化度相似，那么储集层受到水敏性损害程度与钻井液滤液中包含的高价阳离子量呈反相关关系。

2）碱敏性损害

一般来说，储集层中黏土矿物所处环境pH值大约在6～6.5的中性范围内，在钻井过程中，碱性钻井液滤液侵入地层会破坏pH值平衡，并且可能与储集层中的碱敏性矿物进行化学反应，造成矿物颗粒分散、脱落以及产生新的硅酸盐、硅凝胶沉淀等后果，最终导致储集层渗透率降低，这个过程称为碱敏性损害。

碱敏性损害主要来自两种情况，一是在黏土矿物中，碱性钻井液与铝氧八面体发生化学反应，使黏土矿物的负电荷增加，增加晶体之间的斥力，使其水化分散；二是由于钻井液中含有的氧化氢与油藏中的蛋白石、隐晶石等发生了化学反应，所产生的硅酸盐沉淀会在一定的pH值条件下形成硅凝胶，堵塞了孔隙，从而降低了储层的渗透性。钻井液滤液的酸碱度是决定油藏盐敏性损伤的重要因子，两者之间存在着显著的相关性，而盐敏性矿物的含量和钻井液渗入量也会对盐敏性损伤程度产生一定的影响。

3）无机沉淀损害

在井眼附近的地层或油管空间内，由于热力学平衡状态和化学平衡状态受到外界影响发生变化，矿物水溶液在变成过饱和溶液的过程中析出固体沉淀，进而降低地层渗透率的过程称为无机沉淀损害。主要的无机沉淀包括 $CaCO_3$、$MgCO_3$、$BaSO_4$ 等，可能出现的情况包括钻井过程中侵入储集层的钻井液滤液与原始流体不配伍或者开采过程中地层压力和温度发生改变等。

4）有机沉淀损害

井眼周围存在的石蜡、沥青质以及胶质等统称为有机沉淀。在钻井过程中，碱性钻井液滤液或表面张力较低的流体侵入储集层都会产生沥青质沉淀，如果储集层中的温度降低，会造成石蜡的冷却沉淀。储集层中的有机沉淀不仅会阻塞孔隙喉道，使储集层渗透率降低，甚至会造成储集层润湿性反转。

5）结晶损害

结晶损害是指在钻井过程中，储集层被钻井液滤液侵入导致地层水矿化度升高，地层温度、压力等条件出现改变，造成盐类结晶自流体中析出并降低地层渗透率的过程。结晶损害中既存在物理变化也存在化学变化，对此国外学者持有的观点认为结晶损害相当于原子由无序的液态相排列方式转变为有序的固态相排列方式。在矿化度重新发生改变或温度压力等环境条件变化时，结晶有可能重新转变成液态，因此结晶损害能够消除，其过程可逆。

6）润湿性反转损害

润湿性反转损害是指在钻井过程中，钻井液滤液中的有机物质和表面活性物质会在岩石表面发生沉积或吸附作用，导致储集层岩石表面润湿性从原来的亲水性转为亲油性，使孔隙空间中的油水两相分布状况和渗流钻井液侵入与污染机理特征发生改变的过程。如原本占据孔隙空间中间位置的油相流体转为填塞进入孔隙边角区域或吸附在岩石表面，导致油相流体的流动空间大大降低，流动阻力显著增加，原本作为油相流体驱动力的毛细管力反而成为驱动阻力，最终使储集层渗透率大幅下降，影响产油能力。

7）乳化阻塞损害

一般来说，钻井液滤液中包含多种化学添加剂，在钻井过程中，添加剂会随钻井液侵入储集层，这些添加剂可能会导致油水界面性能发生转变，使钻井液与原始流体发生混合，形成水和油的乳化液。乳化液对储集层产生的损害主要包括：

乳状液滴会阻塞尺寸小于自身直径的孔隙喉道，并且乳状液的存在会使孔隙通道中的流体黏度上升，流动阻力增加。乳化阻塞损害程度主要取决于表面活性剂的性质、浓度以及地层的润湿程度。

8）细菌阻塞损害

原始地层中包含的细菌大多都属于厌氧细菌，钻井过程中随钻井液滤液侵入储集层的细菌大多属于好氧细菌，这两种细菌会形成共生关系。一旦储集层中的环境转变为有利于两种细菌繁殖的条件或产生某些营养物，这些细菌会快速繁殖扩散，在环境中分泌黏液并聚集为体积较大的菌落，进而对储集层内孔隙空间形成阻塞损害，降低油井生产能力，某些细菌在代谢过程中还会产生无机沉淀阻塞储集层渗流通道。一般储集层中常见细菌主要包括铁细菌、腐生菌、硫酸盐还原菌等。

（二）废弃钻井液成分及环境危害性

1. 废弃钻井液成分

废弃钻井液静置放置一段时间后，会分为上下两层，上层为废弃水层，下层为钻屑等物质，上层的废水和下层的钻屑等物质统称为废弃钻井液。在钻井过程中，需要加入大量的化学药剂，例如，表面活性剂、聚丙烯酰胺、黏土、水、油及钻屑等组成的多相胶体 - 悬浮体体系，钻井液体系中含有大量的重金属类、油类、盐类、高分子聚合物、低分子有机物和碱性物质等。

油基钻井液与其他钻井液相比，拥有极佳的钻井性能，在石油和页岩气钻探过程中广泛使用。油基钻井液被泵入钻杆后，一些流体和来自地下地层的其他物质会悬浮或混合于油基钻井液中，从井底带回地面。为降低生产成本，在完钻后，油基钻井液将在转井处理时再次使用，并根据钻井要求，补充各种有机、无机添加剂及新的油基钻井液，来维护其性能。岩屑等固相颗粒在油基钻井液中越积越多，大大降低了钻井液的重复利用率。因此，需要固控设备处理油基钻井液，使固相颗粒从钻井液中分离。然而，钻井液中粒径较小的固相颗粒难以利用现有的固控设备清除（机械处理），因此会一直存在于钻井液体系中。粒径较小的固相颗粒及旧钻井液越积越多，最终形成了废弃钻井液。

废弃油基钻井液会被收集并储存在一个槽或坑中，以便在机械处理后进行二次处理。在早期的油气作业行业中，钻井作业后的废弃物直接排放到填埋场或海洋中，对填埋场及其周边地区造成了严重的环境污染。自 20 世纪 70 年代至 80 年代，废弃油基钻井液对生态系统的负面影响逐渐得到认识。此后，许多国家对废弃油基钻井液的排放颁布了严格的规定。2008 年，中国将钻井泥浆废弃物中的某些特定成分确定为危险化学品，并予以公告，且在 2016 年被列入国家危险废物名录。我国依照排放海域，对海上废弃油基钻井液的排放要求（以浓度限值表示）划分为 3 个等级。其中含油量（可被非极性有机溶剂萃取的有机化合物的百分比）小于 1% 通常被认为是排放限制。未经处理的废弃油基钻井液会污染周围的水、空气和土壤，不仅有毒性，而且会使生物体面临缺氧状态。

因此，废弃油基钻井液还需要通过毒性测试，例如，生物富集因子、半衰期等指标，来确定它们是否为有害物质。废弃油基钻井液成分复杂，包括油基钻井液、岩屑、重金属离子、土壤成分和各种表面活性剂。在一口井中，大约会产生 250 m^3 的废弃油基钻井液。石油烃、重金属离子和碱性盐是废弃油基钻井液中三类主要污染物。其中，石油烃占废弃油基钻井液总重量的 5% ～ 25%，被认为是废弃油基钻井液中风险最高的污染物。

2. 废弃钻井液的环境危害

钻井废液的主要环境污染的指标是含油类的污水、无机盐类、悬浮固体、重金属盐类。

（1）无机盐导致土壤盐渍化

在钻井过程中，常常需要使用盐水基钻井液，相关环保部门对这类盐水基钻井液的排放有严格的规定，需对这类盐水基钻井液脱盐处理后才能排到环境中，但我们常会忽略非盐水基盐，因此非盐水基盐会导致环境问题。非盐水基钻井液中常常会添加一些添加剂，使矿化度增加，因此在钻井液使用过程中，会有无机盐类部分溶解在地层中，从而使钻井液矿化度增加。一般现场使用的水基钻井液的氯化物的含量要大于 400 mg/L。国家相关标准规定，农业灌溉的水，其氯离子的含量不能超过 250 mg/L，若用高含量的氯离子（500 mg/L 以上）去浇灌农田，会使土壤板结，营养成分丧失，导致植物不能正常生长，甚至不能用于耕种。特别是一些油田所需钻井液含量大，甚至使用数千吨含盐废弃钻井液，若直接排放，对经济和环境的影响不可估量。我国河流的平均含盐量在 100 ～ 200 mg/L，而废弃钻井液的含盐量值要比我国河流平均含盐量的数值高出数倍，具有引发潜在污染的可能性。因此，在石油开采过程中，废弃钻井液中的可溶性盐会下渗到土壤中，导致土壤中的可溶性盐含量增加，从而影响植物的生长。

（2）重金属导致土壤中的重金属富集

废弃钻井液的重金属来自两个方面，一是重晶石等基础添加材料和钻井液添加剂，二是随钻屑携带出的重金属离子，如 Cd、As、Hg、Pd 等。废弃钻井液中，重金属离子常以络合态、碳酸盐等形式存在。重金属在土壤中一般不会被微生物降解，也不会因为有水的作用而发生迁移，而是会在土壤中不断地累积，转化为甲基类化合物，此类化合物毒性更大。重金属污染的过程是不可逆的，不能通过处理使其恢复，因此，当土壤中的重金属累积到一定量时，会对土壤、农作物及植物造成不可逆的伤害，不但会使土壤退化、板结，还会降低农作物的产量和品质，甚至威胁人类的身体健康。汞在土壤中的存在形态分为有机态和无机态，在一定条件下，有机状态的汞和无机状态的汞可以发生相互转化。无机态的汞，一般以沉淀形式存在，其溶解度较低，但在土壤中一些微生物的作用下，可以转化为有机态的汞，甚至在富氧条件下，生成甲基汞。微生物可以吸收甲基汞，经由各种途径进入食物从而对人体造成伤害。在厌氧条件和微酸的环境下，会先生成二甲基汞，再转化成甲基汞。重金属汞含量达到一定浓度时，对不同种类的作物危害不同，但都会使农作物减产，甚至会使农作物死亡。重金属镉在土壤中的形态可以分为水溶性镉和非水溶性镉。在富氧和微酸环境的条件下，非水溶性镉可以转化为水溶性镉。水溶性镉可以在土壤中迁移和下渗，水溶性镉进入人体后，会损伤人体的肾小管使人患上糖尿病、高血压及水俣病等疾病。重金属铅易与土壤中的有机物结合，导致植物中的叶绿素下降，从而导致光合作用下降；铅可以与动物体内的多种酶发生相互作用，破坏生理活动，从而导致动物铅中毒，严重的甚至使动物的器官发生衰竭。土壤中金属铬超标后，会导致土壤中的水分和营养的传输受到阻碍，植物吸收后，也会使植物的代谢作用遭到破坏；若动物和人体吸收了超标的金属铬，会造成消化紊乱、腹泻等症状。重金属砷对植物的危害是使植物的叶子发生卷曲枯萎，或是进入植物的根部，导致植物枯萎热死；对人体的危害也很大，金属砷可以使红细胞溶解，使人体功能紊乱，甚至诱发癌症等。

（3）石油类导致土壤、水体污染

废弃钻井液中含油量高的物质主要来自两个方面，一方面是添加的油基润滑剂；另一方面是钻到油层中进入钻井液中的原油，这个过程是不可避免的。一般，在定向钻井过程中，油基钻井液的加量可以达到2%，对于一些复杂的井下情况，油基润滑剂的加量甚至可以达到10%，而在钻进的循环过程中，搅拌等作用会使油基钻井液发生高度乳化，高度乳化的钻井液处理很困难。因此，在评价水基钻井液对环境的影响时，要考虑石油类污染物。有机烃类也会对人体造成伤害，且有机烃类含量越高，危害越大。而目前钻井液废液中的油含量都是严重超标的，因此必须加以重视。废弃钻井液中油类的危害：随着时间的推移，石油类会在土壤表层形成一层油膜，会影响土壤的呼吸和营养成分的传输；石油中具有毒性、致癌性等的多环芳烃，不仅会危害环境还会危害人体健康。废弃钻井液的危害经常是不可逆的伤害，不管是对人体还是农作物及植物，因此要对废弃钻井液进行无害化处理，才可以保护环境和人体健康。

（三）钻井液污染影响因素

钻井液泥浆侵入储集层造成污染是一个复杂的变化过程，其中既包含物理变化也包含化学变化。钻井液对储集层的污染程度一方面受到钻井液动滤失性质、静滤失性质、井筒内钻井液柱高度、泥饼物性参数等自身性质影响，另一方面也受到地层压差、流体密度差、附加毛细管力、不同矿化度流体扩散与对流作用等地层性质影响，此外，还受到钻井液在地层中浸泡时间等工作参数影响。

1. 钻井液性质

钻井液对储集层的侵入污染程度会受到钻井液自身性质的影响，主要包括钻井液的类型、固相含量、固相颗粒粒径分布等。为了控制黏土水化膨胀程度并抑制钻井液与地层流体之间发生反应，需使钻井液的矿化度、pH 酸碱度和离子类型与原始地层流体的配伍性尽可能高。

钻井液中固相颗粒含量与固相颗粒粒径分布会对井筒附近形成的泥饼质量产生影响，由于薄而致密的泥饼可以阻止钻井液对储集层的侵入，也能够支撑井壁提高稳定性，因此在实际开发过程中，合理配置钻井液与钻井参数至关重要。

为了更好地保护油藏，钻井液必须满足以下几个方面：维持流体密度，维持低固相含量，使其与地层岩石矿物、孔隙中的原始流体保持良好的配伍性，并使其具有良好的造壁性能和流变性。

2. 储集层地层性质

储集层内的储渗空间、固体颗粒成分以及流体物性参数都会对钻井液侵入储集层污染程度造成影响，成为油气开发过程中的潜在损害因素。

储集层的孔隙度会影响钻井液的侵入深度，二者成反相关关系，原因在于如果储集层孔隙度上升，会导致在地层孔隙中油水量不变的情况下所需的钻井驱替液的数量也会增加，而由于受到渗透率很小的泥饼的限制，能够侵入储集层的钻井液量是有限的。因此，在较小孔隙度范围内，钻井液侵入半径与孔隙度呈正相关关系。

储集层的渗透率大小制约了钻井液侵入储集层前沿的速度，如果储集层其他物性参数无显著区别，那么储集层内流体的流动性会随着渗透率的提高而提高，使得钻井液侵入储集层前沿的速度也随之升高。

敏感性矿物是指存在于储集层内部，容易与钻井液滤液发生物理反应或化学反应导致储集层渗透率减小的矿物。储集层中包含的敏感性矿物种类、数目和分布情况都会对储集层的渗透性以及污染程度造成显著影响。

储集层内流体性质也对钻井液滤液侵入储集层的污染程度产生影响，其中起主要作用的包括地层水矿化度、地层环境 pH 酸碱度、原油黏度等。一般来说，水层储集层的钻井液侵入半径小于油气储集层的钻井液侵入半径。

3. 钻井时的工作参数

对钻井液侵入储集层污染程度起主要作用的钻井工作参数主要包括钻井压差和钻井液浸泡时间。

在钻井过程中，井筒钻井液液柱压力和地层孔隙压力之间的压力差越大，钻井液侵入储集层的深度就越大，因此，为了降低钻井液侵入储集层的深度，最理想的状态是欠平衡钻井或近平衡钻井。当钻井液中的固相颗粒粒径和储集层中岩石孔喉尺寸相差较大时，压差会对钻井液侵入储集层污染程度造成更大影响，压差越大，钻井液固相颗粒及滤液就越容易侵入储集层，甚至会在井筒附近形成更大的污染区域；当钻井液中的固相颗粒和储集层中岩石孔喉尺寸比较接近时，压差会驱动高质量致密泥饼形成，降低钻井液侵入储集层的速度。

对于钻井液滤失过程来说，动滤失和静滤失都存在储集层内侵入流体量与浸泡时间呈正相关关系的现象，而储集层内侵入流体量的增加会导致侵入深度加深、水锁现象加剧、后期反排所需压力升高、储集层污染程度加深的一系列后果。为了更好地保护储集层，必须尽量减少钻井过程中钻井液的浸泡时间。

第三节　水平井地质导向钻井技术

一、水平井地质导向钻井技术概述

地质导向技术是在无线随钻测量和无线随钻测井技术基础上发展起来的一种前沿技术，是利用随钻测量数据和随钻测井数据来控制井眼轨道在储层中钻进的钻井技术。地质导向技术将钻井技术、随钻测井技术、油藏工程和录井工程等技术有机地合为一体，是以井下实际地质特征来确定和控制井眼轨道的钻井技术。随钻测量作为地质导向的"眼睛"，是地质导向的关键。施工时，可根据水平井的地层特征和甲方要求，选取适当的 LWD 仪器，实时测量地层井斜、方位、工具面角、地层温度、自然伽马、地层电阻率、岩石孔隙度、钻压、扭矩等参数。

国内主要采用弯螺杆配合随钻测井仪器测量地层自然伽马和深浅电阻率曲线，结合岩屑录井和气测录井等资料实施地质导向。其目标是优化水平井轨迹在储集层中的位置、降低钻井风险、提高钻井效率、实现单井产量和投资收益的最大化。在薄油层或有复杂褶皱、断层的油藏中，如何确定油层的深度、走向和厚度是地质导向钻井的一个关键。世界上最先进的地质导向系统已经开始应用近钻头传感器。它可以测量出距钻头 1 ～ 2 m 范围内的井斜、方位、电阻率、自然伽马和转速等数据。通过电磁波把这些数据从钻头附近传到上部的无线随钻测量系统，最后通过泥浆压力波动传到井口接收装置。

近钻头系统集随钻测井技术和井眼轨道测量控制技术于一体，类似于在钻头位置开了一个窗口。现场定向工程师和导向工程师根据仪器所反映的地层岩性及其孔隙流体的情况，能够及时"看到"所钻井眼的井身轨道、地层岩性及其孔隙流体物性，并据此来控制井眼轨道的走向，及时调整原轨迹设计，使钻头能够始终在有效的油层目标中钻进。目前国外的地质导向技术能够实时测量近钻头处的地质参数和工程参数，已经趋于完善。但是国内因起步较晚，仪器研制与技术研究还基本处于国外产品的初期阶段。能提供的实时地质参数较少，测量点离钻头较远，盲区长，不利于及时发现地层变化，做出轨迹调整滞后，进而影响到油层钻遇率。

但是地质导向技术的重要性和潜在经济价值已为国内石油界所关注，研制地质导向工具和地质导向钻井工艺已经在不断试验中。其中长城钻探近年来开始研制近钻头仪器、方位电阻率等仪器，处于国内设备研发领域前沿。扎拉诺尔油田水平井开发的区块属于薄砂层油层，埋藏深、厚度小，且处于构造边缘，油层横向发育不稳定。为了更好地开发该类油层，开发单位引入了地质导向技术，并通过不断摸索试验，使该技术更好地适应地层条件，确保井眼轨迹始终处于油层中最佳位置，实现了水平井高效低成本。

地质导向的目的就是依据地层中碳氢化合物含量，对井眼穿越油气场的轨迹加以控制，而改变常规的几何控制方式。在地质导向施工中，需利用地质评价仪器进行，其测量点需滞后钻头一定距离，容易出现对 EP 点确定不准、未及时避免油／气截面等情况，容易导致井眼穿越油气层上下界，而导致其暴露程度降低，进而影响到工程施工效益。

二、水平井地质导向钻井技术的应用

（一）标志层选择对比

标志层在地质导向中可以校对实际地层深度与设计深度，识别微构造，是调整入靶的重要依据之一。标志层的选取原则是在现场技术条件下，有明显的特点，可以有效识别。对油气层比较复杂的地层，标志层选取尽量多，能有效辨别地质变化，提前做好调整。标志层的选择位置要适中。如果距离目的层顶界太远，则中间地层厚度发生变化的不确定性会增加，导致标志层的控制能力降低；如果距离太近，地层有变化时，定向施工调整的余地太小，可能导致无法实现调整，入靶困难。实际施工中根据随钻测量的地层数据，及时更新数据，加强对比，深化对地层的认识。标志层的对比中，单个标准层的变化并不能说明全部问题，需要全盘考虑，以多个标志层来综合判断，提高对比精度和准确性。

1. 电性对比标志

根据实际情况，对比临井电测曲线，挑选曲线特征明显易于识别的层作为电性对比标志层。在导向过程中，依据随钻测量深浅电阻率与临井测井曲线对比结果做出判断。再根据实钻的深度曲线，实时校正地质模型，提前做好调整预报。

2. 岩性对比标志

岩性对比标志层在现场运用非常普遍，可视性更强。一般选取稳定性强，具有一定厚度的泥岩段做岩性对比标志层。通过观察岩屑的岩性、颜色、粒度等，可以准确地判断地层层位。地层可钻性直接反映了地层的岩性。在钻井的过程中通过分析钻时参数，可以实时判断钻遇地层岩性。钻时曲线变化可以作为是否钻遇盖层或是否穿出目标层的参考。

（二）井底岩性的快速识别

在水平井定向施工中，钻压稳定为一个值时，通过分析钻时、扭矩、气测值、造斜率等参数的变化趋势，能对井底岩性做出快速识别。在识别过程中，需要注意克服岩屑滞后、失真和仪器测量误差的影响。利用工程参数、地质参数和随钻测井参数综合判断岩性，提高判断的准确度。

（三）储层孔隙度模型的建立

建立准确的地质模型是水平井地质导向的关键环节之一。根据收集临井的测井、录井资料，进行精细地层对比，对施工井的目的层顶底界地层电性特征进行深入分析。通过对区块构造和沉积微相分析，增加对施工井所在区域的地质的认识。利用地震资料预测储层含油气性，利用构造认识和微相研究成果，建立储层孔隙度模型。

（四）"盲区"的实时预测

在水平井定向施工中，随钻测井仪器测量位置和钻头之间有一定的距离。工程上把钻头与仪器测点之间的长度称为"仪器零长"。在井底始终存在一段地层信息不能实时地反馈，这段未知参数的区域就是地质导向的"盲区"。

目前国内常用的随钻测井仪器的仪器零长，因为底部钻具组合长度的不同，普遍在 10～14 m。国外现在已经研制出了近钻头仪器，仪器零长可以缩短到 1～2 m。这使"盲区"范围更小，更容易对地层的变化做出及时判断。针对"盲区"进行准确预测，是地质导向技术的重要组成部分。施工时，利用 3D 地质模型，结合实钻测井曲线，对照临井沉积旋回特征和上返岩屑特性，做出"盲区"储层特征判断。

（五）入靶前调整

入靶前调整是指从造斜点开始至入靶这一段的调整，增斜钻进是入靶前调整的主要特征。入靶是控制轨迹着陆的关键，也是水平井成功的前提。由于存在地层的不稳定性，即使打导眼，如果导眼靶点和 A 靶点存在位移，则两者的油层在垂深上也会存在或多或少的差异。如何消除这些差异，让轨迹能在预定的油层深度入靶是调整的重点。入靶前调整需要根据工程上钻时、岩屑、气测值等参数的变化分析井底岩性的变化，做好与临井和导眼岩性对比，测算出油层深度的差异，指导轨迹精确中靶。

（六）水平段调整

水平段钻进时主要是根据油层岩性和孔隙度的变化来进行垂深和方位的调整，使轨迹始终在油层中穿行，提高油层钻遇率，获得更好的经济效益。在实际施工过程中，应及时根据自然伽马值和深浅电阻率值的变化，结合气测参数、钻时曲线和岩屑情况调整模型，修正设计方位和井斜。

第四节　水平井泥浆工艺钻井技术

一、水平井泥浆工艺钻井技术的相关概述

（一）水平井泥浆工艺钻井技术的概念

在钻井作业中，泥浆不可或缺，投入适量的泥浆能够提高钻井工作效率和质量。石油是工业的血液，泥浆则是钻井作业的血液。泥浆性能的好坏直接决定着水平井施工的成败。

泥浆在钻井作业中的主要作用是：平衡地层压力稳定井壁，冷却和润滑钻头；给井下动力钻具传递水动力；清洁井底，悬浮和携带岩屑。水平井与直井、定向井不同，对泥浆的要求更高。水平井泥浆一方面是保持井眼光滑，清洁井底，传递动力；另一方面能保护油层储层，满足定向钻进的需要。由于定向钻进中，钻具处于相对静止状态，与井壁接触面积大，携岩效果大打折扣，对泥浆的要求更加苛刻和严格。如果在某方面泥浆性能不满足要求，都可能会造成水平井施工中出现复杂情况，影响油气井的开发。

（二）水平井泥浆工艺钻井技术的分类

1.普通细分散淡水泥浆

适用 0～300 m 孔段。泥浆配方为膨润土泥浆粉（10%）＋纯碱（1‰～3‰）＋羧甲基纤维素钠（CMC-HV），（2‰～5‰）＋水（1 m³），密度为 1.08 t/m³，黏度为 27 s，pH 值为 9，标准失水量为 15 mL/30 min。

2.饱和盐水泥浆

饱和盐水泥浆适用于 300～1 280 m 孔段。三开段地层对泥浆性能有一些要求：有抑制盐层融化的作用、抑制石膏地层膨胀的作用、抑制泥岩造浆的作用。同时，还需要泥浆失水率低，并且保持适当的黏度和密度。由于此孔段需要穿过较大的岩盐地层，因此，想要对该孔段进行施工就必须选择饱和盐水泥浆。

3.加重泥浆

加重泥浆适用于 1 280～1 650 m 孔段，该孔段为阿尔必阶含水层，孔隙率大、透水性能好，地层压力高是该孔段的特点。钻进该孔段主要是压力平衡钻进，预

计地层压力为 2.65 MPa，套管下入 1 280 m，平衡泥浆密度为 1.211 t/m³，实际操作泥浆密度为 1.3 ~ 1.4 t/m³。该级孔径为 311 mm，泥浆泵排量为 20 L/s，泥浆上返速度为 300 cm/s，因此，密度和失水量是对泥浆的主要指标，其他为次要指标。密度为 1.3 ~ 1.4 t/m³，泥浆标准失水量在 5 mL 以内。漏斗黏度为 30 ~ 80 s，剪切力为 4 ~ 8 Pa。

二、水平井泥浆工艺钻井技术的应用

（一）水平井泥浆工艺的要求

1. 降摩减阻和润滑性能

由于存在井斜角，在水平井的造斜段和水平段，钻具与下井壁之间会出现点接触、线接触甚至面接触。接触面积越大，摩擦阻力越大。其中泥浆的固相含量、泥饼厚度、润滑剂含量、黏度高低、静液柱压力与地层压力之间的压差大小都会影响摩阻。在水平井施工中，应尽量减小钻具的摩擦系数，控制摩阻、扭矩，保障井眼的通畅、润滑，减少事故发生概率，确保安全钻进。

2. 井壁稳定

关于水平井中的泥浆，一方面需要平衡下部地层压力；另一方面需要防止压漏上部地层。故泥浆密度的上下阈值比直井的小。泥浆密度低，不能平衡地层压力时，容易出现井侵，发生井控事故。泥浆密度高，上部地层压力不足时，容易出现井漏，处理不及时会进而引发井壁坍塌，造成卡钻事故。如何在井侵和井漏之间找到泥浆密度的一个平衡值是一项很重要的任务。为了保障井眼稳定，需要做配伍试验，减少泥浆性能的突变。

3. 井眼净化

水平井井斜角在 30° ~ 60° 的井段，由于容易形成岩屑床，不利于岩屑上返，井眼净化不干净，非常容易出现复杂情况。水平段时，岩屑由于自身重力作用垂直向下运动，而泥浆是沿井眼轴线，呈水平流动。岩屑易在井眼低部位堆积形成岩屑床，造成摩阻增加，扭矩加大，钻压传递困难。复合钻进时由于钻具转动，在井眼纵向上有作用力，岩屑不易附着在下井壁上。

定向钻进时，钻具平躺在井眼中。岩屑在上返移动过程中，不断在钻具与井壁之间附着，使钻具和井壁的接触面积不断增加。在这种情况下，加压需要克服的钻具与井壁之间的阻力越来越大，会造成钻压传递不到钻头的情况出现。如果不及时上下活动钻具或者转转盘，很容易发生卡钻等井下复杂情况。所以在水平井施工中对泥浆的要求更高。

（二）水平井泥浆工艺的优化

在油田钻井施工中由于泥浆性能未能很好地与地层相匹配，导致起下钻阻卡、划眼遇阻、卡钻、井漏等复杂事故经常发生，甚至报废井都不在少数。为了更好地进行油田开发，进行水平井泥浆工艺的优化设计是一项十分重要的工作。为了解决这个难题，需要做好这几方面的工作。

第一，泥浆与油层岩石配伍性好。

第二，泥浆与油气层流体相配伍。

第三，合适的固相粒度分布及良好的封堵性。

（三）水平井泥浆工艺的维护

第一，合理控制泥浆密度在 $1.15 \sim 1.16 \ \text{g/cm}^3$。

第二，引入白沥青防塌剂增加泥浆的封堵防塌能力。

第三，加强流变性能控制，特别是悬浮和携砂能力，保证斜井段与水平段施工。

第四，采用液体润滑剂、极压润滑剂提高斜井段水平段润滑性能，降低摩阻和扭矩。下套管作业中，采用固体润滑剂防卡。

第五，采用屏蔽暂堵油气层保护工艺技术，加强油气层保护工作。进入油气层前 100 m，向泥浆中加入 3% 的油溶性保护剂 EP-1 和 2% 的酸溶性油层保护剂 ZD，并在施工中及时补充其消耗量，以保证其效果。

第六，保证泥浆排量，尽可能使用大排量，预防岩屑床，保证井眼畅通。

第四章　水平井测井技术

要想确保每一口井质量符合预期标准，要不断完善相关配套工艺，对实际测井作业来说，需要对测井仪器予以严格控制，保证其稳定性和可靠性。在今后的实践过程中，我们要结合现有水平井测井技术，逐步进行完善、总结与提高，确保获得更大的环境效益与经济效益，尽快开发出操作性更强、水平更高的测井技术。本章分为水平井测井工艺原理、水平井测井关键技术、水平井测井技术的应用、水平井测井质量的提高四部分。

第一节　水平井测井工艺原理

一、水平井测井工艺相关概述

现在我国的各大油气田，水平井技术已经非常广泛地被应用在油气藏的生产与开采的过程中，而且水平井测井工艺技术的应用也非常普及，随着水平井钻井技术在不断的发展进步，水平井测井工艺技术也取得了巨大的突破。水平井测井工艺主要是通过电缆将测井仪器下入井下，测量取得相关数据，以此来对井下的储层情况进行全面分析。但是随着水平井斜度不断增大，设备仪器由于自重较大，在水平井段内不能靠重力下放，此时就必须借助配套的辅助设备来进行设备仪器的起下，这样才能保证水平井测井工艺施工的顺利进行。

（一）水平井测井工艺的定义

在实施油气田开发工作的时候，借助测试仪器可对油井中的各方面实际情况加以全面的了解。底层内部的含氢量、电阻率以及自然电位等信息能够切实地反映出油井所处地质结构层的渗透情况、空隙分布以及流体实际情况。选择专业的方式方法来将数据进行处理，这样就可以掌握油田所处岩层结构的地质特征，从而为油田的开采给予必要的数据支持。

在进行油气勘探时，利用测井工艺技术可以获得地质结构、岩石放射性、电阻率、岩层空洞等资料。根据所获得的资料，了解地层构造的特点，为油气勘探和分析提供了很好的帮助。这些资料是开展油气勘探开发工作的重要依据，也是保证油气资源开发工作顺利、有效进行的重要依据。测井在油气勘探开发中起着举足轻重的作用，是保证油气勘探开发工作顺利进行的一种重要手段。

当下，我国测井工艺技术中涉及多种分支技术，并且各项技术水平也得到了全面提升，为我国油气田勘探开采工作的实施提供了有力保障。

（二）水平井测井工艺的发展

测井工艺技术是石油开采中实践运用的重要工艺，经过几十年的发展，石油测井工艺历经了多次技术升级，测井设备起初是半自动模拟测井设备，随后就演变出了自动测井仪，在科学技术不断发展的推动下，测井仪已经转变成可视化的测井设备，并且在石油开采中得到了大范围的运用，这项工艺是油田开发评估以及产量计算中的重要基础，为整个油田工程行业的发展带来了诸多的助益。

电缆测井工艺技术在过去发挥了重要作用。1930 年达拉斯（Dallas）地球物理公司提出随钻测井概念，1978 年 TELECO 公司开发出第一套商业化的 MWD 系统——TELECO 定向 MWD 系统，1986 年吉尔哈特（Gearhart）公司首次推出了侧向与钻头电阻率测井仪器，1989 年斯伦贝谢公司推出三组合测井仪器和相应配套软件，推动了随钻测井工艺技术的快速发展。

20 世纪 80 年代末，随着水平井测井工艺技术的研究和应用发展，水平井井筒环境的复杂化给测井工艺技术带来了巨大挑战。1986 年斯伦贝谢公司申请了一种用于实现流体介质中应用多个电导体连接器组件的专利技术，在此基础上形成了钻具输送电缆湿接头测井工艺技术。

21 世纪，随着水平井钻井技术的不断发展和进步，钻具输送电缆湿接头测井工艺技术难以满足复杂井筒环境的采集需求。2007 年威德福公司在收购李维斯油田服务公司 Compact 测井技术的基础上改进形成了 Φ 57 mm 超小直径、135 ℃ /103 MPa 过钻杆测井仪器。

2008 年过钻头有限责任公司（于 2011 年被斯伦贝谢公司收购）随后研制开发的 Φ 54 mm 超小直径过钻头测井系列，形成了国外有代表性的威德福公司 Compact 系列和斯伦贝谢公司 ThruBit 系列。

中国企业也加大了在该项技术上的研发投入，2012 年胜利伟业公司研制的 SL-6000LWF 过钻杆测井系列配套了钻杆保护套工艺，2018 年专业化重组后的中国石油集团测井有限公司在大庆钻探工程公司过钻杆测井仪器的基础上陆续研制了 Φ 57 mm 和 Φ 55 mm 的 FITS 多模式过钻具成像测井系列,配套了电缆、过钻杆、过钻头和钻杆保护套等多模式测井的工具和工艺技术。

（三）水平井测井工艺的特点

1. 作业难度大

基于对水平井传输测井工艺的了解,水平井传输测井工艺在整个作业过程中作业难度相对较大,既需要提前钻取水平井,同时还要根据测井工作的实际需要,将测井仪器放置到测井地层中,保证测井作业在实施过程中能够满足测定要求。由此可见,测井工作难度大,是水平井传输测井工艺作业的重要特点。

2. 作业时间长

水平井传输测井工艺技术在应用过程中,整个施工作业周期比较长,不仅需要完成水平的钻探,同时也需要安装测井仪器,并且在测井完成之后,将测井仪器有效回收。

由于施工作业内容多,作业难度大,整个作业时间较长,施工作业在实施过程中,需要预留足够的施工作业时间,否则,在水平井测井传输工艺应用过程中,将无法满足施工作业的时间要求。因此,掌握作业时间长的特点,对水平井测井传输工艺的应用具有重要作用。

3. 作业风险大

从水平井传输测井工艺技术的应用来看,整个测井作业的风险相对较大,除了需要钻探水平井之外,在测井仪器的放置和连线过程中也存在较大的难度,任何一个环节出现问题,都会导致水平井传输测井工艺技术在应用中难以满足应用需求,从而影响测井作业的整体效果。水平井传输测井工艺技术在应用中必须按规范进行。

（四）水平井测井环境因素影响分析

1. 井眼影响

在测井时,井眼尺寸的变化以及井眼内钻井液电阻率的大小会影响双侧向仪器电流的聚焦和发散。这里单独考虑井眼的影响,不考虑侵入等其他因素影响建立水平井模型。建立的水平井地层模型:目的层地层厚度为 60 m,电阻率为 30 $\Omega \cdot m$,井眼从 6 英寸（152.4 mm）到 22 英寸（558.8 mm）每隔两英寸利用三维有限元法模拟双侧向的测井响应，分析井径对测量结果的影响。同时取钻井液电阻率为 0.01 Ω·m 到 10 Ω·m，分析钻井液对测量结果的影响。将得到的电阻率除以目的层电阻率以便更直观地观察井径对双侧向的影响。

当钻井液电阻率一定时，深侧向视电阻率值与真实电阻率的比值随井径的增加而减小。当井径一定时，钻井液电阻率对双侧向测井响应的影响不是单调的。当钻井液电阻率一定时，浅侧向视电阻率值与真实电阻率的比值随井径的增加而减小。当井径一定时，钻井液电阻率对双侧向测井响应的影响是不单调的。

同时，双侧向测井响应同时受到井眼大小和钻井液电阻率的影响，不同井眼尺寸对深浅侧向的测量值都有不同的影响，且影响大小随钻井液电阻率的变化而变化，但总体上浅侧向在钻井液电阻率较低时受到的井眼尺寸影响较大。

2. 钻井液侵入影响

建立的地层模型：水平井目的层地层电阻率为 30 Ω·m，在 8 英寸（203.2 mm）井径下，钻井液电阻率为 0.1 Ω·m；侵入带电阻率分别为 1 Ω·m、6 Ω·m、10 Ω·m，侵入带深度为 0.1～2 m，每隔 0.1 m 做测井响应模拟。

随着侵入深度的增加，深浅侧向所受到的影响逐渐增大，侵入深度越深，视电阻率越小。浅侧向相较于深侧向受到侵入的影响更大，视电阻率值与真实电阻率的比值减小得更快。

当侵入深度到达一定值时，浅侧向电阻率的变化值明显变慢，这是因为浅侧向探测深度较浅，受到侵入带的影响更大，当侵入过深时浅侧向受原状地层的影响变小，所以变化率变小。当双轨现象发生时，往往标志目的层侵入的发生，当深浅侧向响应值差距越大时，意味着目的层侵入越深。冲洗带电阻率的大小，也是影响双侧向测井响应的重要因素。冲洗带电阻率与目的层电阻率差别越大，深浅测井响应所受到的影响越大。

3. 层厚 / 围岩影响

建立水平井条件下，围岩电阻率为 3 Ω·m，目的层电阻率分别为 10 Ω·m、30 Ω·m、50 Ω·m 的三层模型：在 6 英寸（152.4 mm）井径，钻井液电阻率 0.1 Ω·m 的条件下，层厚从 0.6 m 到 20 m 依对数刻度逐渐变化，不考虑侵入影响。

浅侧向相对于深侧向测井响应值更接近目的层的真实值，当层厚达到 3 m 时，浅侧向测井响应随层厚增加的变化率明显变小，围岩对其影响明显变小，测井响应接近地层真实值；深侧向测井响应在层厚大于 20 m 时，测井响应基本与地层真实电阻率吻合，所受围岩影响很小，因此，当目的层厚度大于 20 m 时就可以不用进行层厚/围岩校正。

整体上深侧向受到围岩的影响明显大于浅侧向所受到的影响，这是因为深侧向探测深度大于浅侧向，在深侧向时有更多的电流流经围岩到达回路电极。不同目的层与围岩电阻率对比度对深浅侧向测井响应也有影响，对比度越大对测井响应值的影响也越大。

4. 区块水平井井况的影响

（1）水平井中的流型

在水平井和普通直井、斜井中，由于受重力影响情况不同，流体的流动情况会有巨大的差异。水的表观速度较低时（小于 0.1 m/s），为均质泡状流动。随着油相表观速度的增加，油泡开始聚集形成大油泡流动（段塞流），最后形成块状流。由于水平井中油气水呈层状分离流动，故流量计、持水率计的响应结果具有一定的纵向片面性，由于涡轮和持水率计暴露在油中，因此所测信号主要反映油的流量及油的电容响应，而很少反映另一相水的流动及含量。对于高含水率情况，涡轮和持水率计主要暴露在下部的水中，反映水的流动情况。测量时油气水必须通过金属集流伞，然后进入集流通道所以涡轮测得的转速值反映了油气水总的流动情况。

（2）区块水平井的特点

第一，水平井在钻至水平段，井斜达到 90° 时，继续钻进的过程中，井斜变化不易把握，经常出现井身轨迹已钻至油层上部或者钻出层位之外，因此区块水平井的钻进过程中，轨迹地层倾角小于 90° 井段设计长度较长，曲率半径较大，在测井过程中，需要控制仪器长度，以减少遇卡概率。

第二，从直观理论来说，水平井的水平段越长，所串联的油气层越多，井的油气产量就应该越高，但是由于重力以及液体的流动阻力，当水平段达到一定长度时，即便水平井段长度再长，产量也不会有太大的增长。从水平段长度与累计产油量关系来看，同样水平段超过 150 m 以后，累计产油量高，但水平段达到 200～400 m 时，产量相对稳定。

因此，区块水平井水平段长度大多在 200～300 m，在进行输送方式的选择时，就可以选择相对简单的方式。

5. 井斜角影响

建立井斜角由 0° 到 90° 变化的三层模型：井径为 8 英寸（203.2 mm），钻井液电阻率为 0.1 Ω·m；围岩电阻率为 5 Ω·m，目的层电阻率为 30 Ω·m 无侵入，目的层与围岩层的分界面深度分别为 -1 m 和 1 m；在直井情况下，深侧向视电阻率值与真实值有一定的差距，这是因为受到围岩的影响。随着井斜角的增大，视电阻率值受影响增大，当井斜角为 90° 时，视电阻率值为一个定值，且只在垂深为 0 m 时有值。

　　井斜角越大视电阻率与地层真实值电阻率差距越大；深侧向测井响应值随井斜角的增大而降低，而浅侧向测井响应值变化不明显。这是因为在斜井中仪器不与地层界面垂直，在测量中主电极电流因为屏蔽电极的作用，垂直于仪器流出并流入地层，但是因为井斜的存在，电流会有一部分流入围岩中，这导致电阻率会减小。表面上角度会对测量结果产生影响，实际上这是由围岩的影响引起的。对浅侧向来说测量深度较浅，围岩电阻率对其影响较小，所以不同井斜角下的浅侧向测井响应值变化不明显。

二、水平井测井工艺的技术基础

（一）钻杆输送技术

　　钻杆输送技术是指在安装测井仪器时，将仪器安装在钻杆的最底端位置处，而测量仪器通过钻杆引导才将其移送，同时利用电缆将仪器在钻杆底端测量数据传输到地面用户手中。在测量操作时，要注意电缆在套管与钻杆位置处，准确测量并保护电缆，避免造成伤害。钻杆输送技术适合测量各种水平井，测量范围也涉及各个水平井段。

（二）挠性管测井技术

　　挠性管测井技术在测井时依靠挠性管缠绕在绞车滚筒外侧，利用挠性管注入器的头部控制管子，并将其上下移动。在进行测量操作时，操作步骤和其他采用电缆测井的技术相同。挠性管测井技术不仅要将电缆装入挠性管中，还要依靠集流环控制电缆，将电缆慢慢下放，并且利用专用接头将测井仪器和挠性管的另外一端连接在一起。

（三）泵入技术

　　泵入技术在测井时要将挺杆和下井仪泵入井中，下井仪和挺杆是通过丝扣连接，同时将挺杆连接在电缆上，加压牵引器将下井仪器通过钻杆，然后上提电缆回收下井仪器。

三、水平井测井工艺的相关原理

水平井测井工艺的原理如下：在前期的准备工作中，需要准备一套适合测井的大满贯仪器，同时需要相对应的辅助工具。在实际的操作中，需要注意钻具与过度短节之间的连接，将钻具的下方与过度短节进行连接，达到能够将仪器运输到目标底层的上部分的结果，将电缆从旁通短节中穿过，同时将旁通安装在泵下的接头，能够将之进行下导操作，保证泵能在井下的泥浆中接头，完成之后一系列的电气与机械之间的连接工作，最终将电缆从旁通的短节测控中连接出来，并与钻具外部的电缆相连接。

四、水平井测井工艺的技术进展趋向

尽管当前测井技术呈现全面发展态势，但是从实际来看，技术管理方面还有待完善。未来在测井技术发展方面，还需要加大在石油工程中的应用效率，对油气勘测地貌等进行深度研究，从而保障技术更符合工程项目实际需求。

水平井勘探开发解释技术在新老油藏勘探开发中发挥了重要作用，提高了全球开发水平和油藏的社会经济效益。随着水平井钻井技术在石油行业的迅速发展，水平井解释技术也有了显著的发展。首先，要确定储罐、储罐界面和水平井之间的轨迹关系。当然，正确、客观、公正的评估也是一个必要条件。其次，为了进行模型试验，我们必须确保数据的准确性，并加强对复杂条件（如地质）的研究。为了进一步规范和准确模拟实验，提高模拟实验的可行性，必须不断思考、总结和改进措施。最后，科学技术的进步是解决这些问题最有力的依据，有效、合理、科学的方法是解决这些问题的唯一途径。水平井解释技术在改善新老油藏方面，有利于提高单井的效率和产能。同时，也有效降低了勘探开发成本，提高了投资回报率，具有较高的开发价值。

（一）优化地质环境描述

技术地质环境在建立测井方面，会因地质环境差异对技术应用产生不同程度的影响。全面了解地质环境实际情况，才能提出更贴合的技术，对地质环境进行优化。要使技术的应用更加精确，就必须从地质环境的描写出发，使测井资料更加精确，并进一步完善地质环境，以便在今后的油田开发中使用。在复杂的地质环境中，运用大数据技术，可以通过分析、识别等手段，将影响因素反映出来，从而为技术人员提前做好防范工作提供依据。

（二）提高测井技术可视化效果

测井技术是一种综合性技术，在油田开发中，各层油井的应用技术也各不相同。在进行工艺优化的同时，还要确保测井精度。由于测井作业中会碰到不同的岩性，要充分考虑地质条件，必须加强技术可视化。在钻探过程中，对岩石的物性进行全面的认识，对钻探质量的控制更为有利。

将机器学习算法应用在这一过程中，通过建立数据集，对测井数据主成分、其他成分进行分析，代替相关变量后，利用聚类分析、神经网络等方法对岩性变化进行分离。通过观察数据确定岩性实际物理性质，之后对岩性进行预测，采用随机森林等方法，确保岩性预测准确率在 70% 以上。

（三）加大地质导向技术的研究力度

地质导向技术是在薄层及隐蔽区开发技术的基础上，利用钻井技术对地层进行评价、分析，确定具体的地质资料，进而实现对油气井控制的。

国外有公司提出基于大数据分析的工作流程，能够对不确定条件的复杂油井进行优化设计，从而保障了勘探质量。

（四）加快测井技术向"智能化"发展

随着信息技术的飞速发展，未来的测井技术必须与新技术相融合，形成以技术为驱动的智能化发展模式。目前，国外的石油公司正在尝试将大数据技术用于石油和天然气的开发，通过一系列试验，获得了满意的结果，建立了一个大数据分析平台，有效地把作业人员、技术人员等联系起来。

第二节 水平井测井关键技术

一、连续油管测井技术

（一）连续油管测井技术定义

连续油管测井技术是工作人员需要把配置有水平井测井仪器设备的连续油管缓慢地放入油气井的内部，并且保证该设备与测井仪器直接连接，让电缆与电脑进行控制，设备也处于连接的状态，工作人员就可以在地面对整个设备的运行情况进行监控，与此同时也可以对连续油管产生直接控制作用，从而实现上提和下放的功能。因为该技术需要利用测井仪器在特定的地层对地下储存的相关参数进行测量，所以工作人员在利用该技术进行作业之前，必须对相关的参数进行深入的了解。从目前我们了解到的情况来看，该技术用于生产测井中取得了较好的效果，而且不管是在开展测井仪器的上提，还是在下放整个过程中都具有较高的动力。

（二）连续油管测井技术的发展

连续油管测井技术开始于 1968 年，当时的一位美国人将连续油管内穿上测井电缆，然后连接上测井工具，并顺利地完成了测井，且取得了专利。可是由于当时制造连续油管技术本身的缺陷致使这项技术发展缓慢，但到后来随着新材料的发展及连续油管本身制造技术的改进，这种穿上电缆并携带测井工具的测井技术获得了认可，并得到迅速发展和应用。

1985 年，在美国阿拉斯加北部油田上应用连续油管测井作业过程中，将直径 0.25 英寸（6.35 mm）的 7 芯电缆穿在了长度为 4 709 m、直径为 1.75 英寸（44.45 mm）、管子壁厚为 0.095 英寸（2.413 mm）的连续油管中，成功地完成了作业。这次作业的目标是利用连续油管传送电缆测井图像，以便将测井工具在下入井底过程中的滑动阻力系数降至最低。同时也为了验证当时开发出的一种用于水平井和大斜度井的连续油管测井系统，当时在作业中利用了连续油管将带有伽马射线和接箍定位器及声波水泥胶结工具的测井仪器输送到水平井段长度为 183 m 处的地方进行测井并取得了成功。从此连续油管被广泛用于测井作业中。

连续油管测井工艺中，首先必须是将测井电缆穿至连续油管中，不管是采用在连续油管制作过程中放入，还是利用专用装置穿入，或者是采用先将连续油管下到井底然后再穿入测井电缆的方式，当电缆穿入后，再连接井下工具，同时在滚筒内完成电缆的悬挂和密封工作。

连续油管测井设备中，必须有操作室、滚筒、连续油管、注入头、防喷器、防喷盒、防喷管、软管滚筒、连续油管、液压系统、管汇、井下工具、井下工具连接器、测电缆、电缆悬挂密封器、电缆滑环及测井仪器等。井下工具连接器用于连接测井工具；电缆密封悬挂器用于密封电缆和悬挂电缆，保证井内和大气层隔开，防止内泄；电缆滑环用于破除滚筒旋转过程中的扭矩；注入头在测井过程中非常重要，它能够解决连续油管在水平端前进的推力，只有具备足够的推力才能将连续油管送达我们指定的监测段，获取我们需要的信息。

连续油管内穿电缆在测井领域的应用主要有如下几方面。

①生产井的测井：连续油管测井大多数用于水平井和大斜度井的测试，能够解决爬行器可能出现的问题，同时测水平段长度的频率也在逐渐增加。

②沉降法测井：可以利用连续油管穿上电缆进行沉降测井，能够有效地减少测井误差，获得真值，便于进行其他工艺设计时减少误差。

③测井时泵送：利用连续油管测井系统测井时在测井过程中可以边测井边泵送液体，实现循环，也能保护连续油管不被内压压坏，同时还可以实现下井过程中的解堵。

④连续油管裸眼井测井：可以将连续油管用在裸眼测井的水平井段测试。连续油管测井技术还有很多其他方面的应用有待我们了解开发。目前连续油管作业设备已经在国内大量使用，连续油管作业设备广泛用于油气田试油、压裂、水平井钻井、侧钻井、完井、采油、油气集输及测井等作业领域。

该技术具有高效率、高可靠性和高集成度的特点。目前，采用连续油管测井技术已成为油气管道技术发展的主要趋势，并在国内占据了很大的市场份额。它能快速、安全、有效地解决大斜度井、水平井、短距螺旋扭转段井和带压井的作业困难，具有高效率、高可靠性、结构简单、造价低廉的优点。但在我国，测井电缆通过连续油管一直是制约其发展的技术瓶颈。

因此，需要开发设计一种连续管穿线装置，有效地解决测井电缆在连续油管内的穿入和抽出的技术难题，同时提高效率并降低成本，填补国内技术空白。传统的方法是将连续油管下到垂直井内，然后将测井电缆续到连续油管内，但可靠性不高，由于连续油管壁和测井电缆之间存在摩擦阻力，所以经常有穿不过去的情况发生，并且劳动强度大、成功率低。还有另一种方法是将连续油管在地面放直了，然后用引线穿入连续油管，再将电缆拉过去，不管是哪种方法，这样的工作量大，危险性高、费时费力，成功率低，费用高。

（三）连续油管测井技术的优势

连续油管测井技术在生产测试中特别是在具有大斜度或是水平段的井中具有其他测井方法无法比拟的强大优势，被公认为是目前最有发展前途的生产测井技术，具体优势分析如下。

①可以在大斜度井及水平井中较长距离地输送井下测井工具及仪器到达我们需要的测井段进行测井工作。

②可以利用连续油管携带测井工具穿过短距离的带螺旋式扭曲的井段。

③测井电缆穿在连续油管内可以有效地保护测井电缆，使其可靠性大大地得到提高，而且可以快速方便地更换测井工具。

④利用连续油管携带测井仪器下井时，可以边下井边通过连续油管内通泥浆处理，就地评估测量结果。

⑤利用连续油管测井时，起下测井工具平稳，可实现多种速度的测井。

⑥连续油管测井能够实现在有液流或带压的情况下测井，并维持井内压力恒定，降低危险事故的发生。

⑦设备简单可靠，不像传统测井需要井架、油管或钻杆，车载式或撬装式设备移运安装方便简单，成本低。

⑧连续油管测井是单根设备直接下到井底，不需要像传统测井那样对接单根钻杆或油管，能够在整个井段上进行连续测井，简单快捷，工作效率高；随着连续油管测井技术的迅速发展和逐步成熟，将能够有效地解决水平井或大斜度井的生产测井问题，从而缩短作业时间，提高工作效率并能提高工作安全性，从而降低整体作业成本。

通过以上分析可以看出，目前利用连续油管测井技术是解决水平井测井作业最经济安全有效的方法。

二、井下牵引器输送技术

（一）井下牵引器输送技术定义

根据水平井生产的具体情况，研究人员设计出一种测井技术，它就是井下牵引器输送技术，它的技术优势在于不会对整个油气田的产量产生直接性的影响，而且与其他类型的输送技术相比，施工的流程操作简单、精准度高，能够极大地节约工作时间。但是井下牵引器具备的功能并不是很强大，对整个井筒的施工技术也提出了更高的要求，它需要保证内部不含有任何杂质的前提下，才能获得很好的应用效果。但不管从哪个角度来看，牵引器输送技术的优势还是非常明显的。在利用该技术进行水平井测井时，也存在一定的风险，工作人员可以对以往的失败案例进行分析研究之后，提出更加科学合理的解决措施。

（二）井下牵引器输送技术的发展

牵引器输送工艺是近年来开发的新技术，国际及国内市场上 Sondex 系列电缆牵引器占有量较大，使用效果较好，同类国产产品技术相对成熟。国产同类产品 JHQ-A 型牵引器主要技术指标为：井下仪器主体外径 54.0 mm，总长 7.2 ～

7.6 m，总质量不超过 90.0 kg，适应井筒直径 57.0 ～ 244.0 mm，有效最大负载不超过 3.5 kN，耐温 150 ℃、耐压 100 MPa，测速不超过 600 m/h。

Sondex 系列及 JHQ-A 或 B 型国产牵引器设备主要包括井下设备、地面设备和控制软件 3 部分。井下设备主要由张力装置、电路部分、电机、传动部分、驱动轮和扶正器组成。从扶正器的构成来看，其主要由在周向布置的多个扶正杆所形成，扶正器的配置有效实现了管道的支撑。牵引段的核心构成非常多，不同构成要素之间的相互配合使得输送工序可以顺利完成，井下设备中的张力器、电路、电机、驱动器等可以辅助牵引器在套管内外维持正常的行走状态。地面设备可以给牵引器提供所需的电力，但供电方式可以根据牵引器的具体工作方式来选择。

在利用牵引器输送技术完成输送作业的过程中，需在测井仪和电缆之间进行爬行器的安装，随后采用推送方式来完成相应的工作。必要情况下因为在地面上安装有相应的控制器，该控制器可以根据需求发出相应的控制指令，在井下设备接收到该指令以后，就可以发挥其辅助作用，帮助电机将爬行器上安装的行走驱动轮打开，使得该驱动轮可以与套管壁更为紧靠。

（三）井下牵引器输送技术的工作原理

将爬行器连接在测井仪和测井电缆之间，一般采用推送方式工作。在需要时由地面控制器发出指令，井下仪器中的辅助电机打开爬行器的 X - X、Y - Y 向 2 组 4 只行走驱动轮，使 4 只行走驱动轮紧紧压在套管壁上。

工作时，由主电机、传动部分、驱动轮构成的推靠段，将紧紧压在套管壁上的 X - X、Y - Y 向 2 组 4 只牵引臂推开，牵引臂上的 4 个驱动轮沿管壁行走，完成对测井仪器的牵引工作。主电机通过一套机械传动装置带动装在 4 只牵引臂上的 4 个行走轮沿套管行走，从而将测井仪输送到指定位置。

爬行器的行走方向和速度由地面控制器控制。当测井仪到达预定位置时，爬行器停止行走，辅助电机收回牵引臂，地面系统断开电源。重新加电，使测井仪通电工作，绞车上提电缆进行测井。由于这种牵引器采用马达等机械结构来推动仪器，当井底存在沉砂、水泥块、其他杂物或存在缝、洞（裸眼完井）时，会使牵引器推送仪器失败。目前，JHQ-A 或 B 型国产牵引器已实现了仪器的上测和下测功能，推送功率不断增大，被广泛应用于套管井固井质量测井检测和存储式测井服务。

牵引器输送工艺的优点是施工简便，节省工时，深度控制准确，测井过程中油井可以正常生产；缺点是输送动力相对较小，对井筒技术条件要求较高（套管内径规则、井筒内无杂物），施工风险大。

（四）井下牵引器输送技术的施工工艺

井筒在施工作业前应实施刮管、冲砂作业，带压井井口设施要齐全，无泄漏，作业井口、井内管柱内径应不小于 60 mm。在直井段，上提下放速度应小于 50 m/min；在通过井下工具、管柱变径等位置时，上提下放速度应小于 10 m/min；当井斜大于 50° 时，上提下放速度应小于 30 m/min；仪器遇阻后，绞车应立即停止，缓慢上提电缆至电缆拉直，电缆拉力应小于其安全张力。

唤醒牵引器，建立地面与牵引器的双向通信。若爬行器在同一位置遇阻 3 次，则应停止爬行。双爬行器适用于套管井水平段采用 2 种规格管柱的井。在地面将 2 支爬行器设置为不同的唤醒电压和唤醒时间，按照管柱内径尺寸确定 2 支爬行器的爬行臂尺寸。

在作业中，根据套管尺寸依次唤醒 2 支爬行器。在上部爬行器的爬行臂到达变径处时，将其关闭，并唤醒下部爬行器。为减小井下仪器自身旋转和电缆剪切应力释放对爬行器正常行走的影响，应在电缆马龙头与爬行器连接处加装旋转短节。

三、定位式钻送测井技术

使用定位式钻送测井技术进行数据测量的过程中，工作人员必须严格控制两个方面的内容。在旁通接头以及井下工具方面，尽量避免由于数据测量的过程中出现工具卡死的情况，一旦工具卡死之后，不仅不能获得准确的测量数据，工作人员也无法立即将卡住的工具取出，这会直接影响钻井的过程。

与此同时，工作人员还需要防止钻井液通过钻杆流入环空中，所以在下井之前就需要将所有设备的密封性进行检查，保证密封性完好的前提下，才可以正式使用于测井中。井下工具设计的零件比较复杂，而且零件与零件之间的安装程序也各不相同，在进行串接的过程当中，工作人员需要注意前后顺序不能出现接反的情况。除了旁通接头及井下工具的注意事项之外，测井仪器的选用也是定位式钻送测井技术非常重要的内容。

因为测井工作的经济成本相对较高，所以为了保证一次测井就能获得完善且准确的测井数据，工作人员必须先进行多次实验，保证实验的结果与实际的水平井测量条件相符合，才可以选用。

四、湿接头式钻送测井技术

按照其组成部分，湿接头式钻送测井技术在进行数据测量的过程当中，也需要注意泵下枪总成和公头总成的连接，如果这两个部分的连接出现质量问题，那么数据测量的过程会存在较大的障碍。

与此同时，在旁通总成和井下仪器的安装方面，也需要花费更多的时间和精力。在安装公头总成的零件时，必须注意锁紧弹簧的使用，保证泵下枪总成和公头总成的连接良好。如果因为公头总成的连接性能没有达到相关的要求，那么整个测井仪器和钻杆之间的连接性能也会受到影响。

与其他技术相比，湿接头式钻送测井技术的资料采集准确度和完善度相对较高，但是对具体的施工环境及施工工艺也有更高的要求。

湿接头式钻送测井技术是将仪器和辅助短节组合成仪器串，通过转换短节与钻具连接，利用钻具输送仪器到目的层段上方，测井电缆通过旁通短节连接湿接头母接头总成，在钻杆内部进行电缆湿接头对接，完成电缆与测井仪器的电连接，在钻杆上提、下放过程中完成测井作业。

湿接头式钻送测井技术的核心是通过井下湿接头和旁通短节实现钻具动力与电缆测井的结合。利用现场钻具动力推送仪器形成钻具输送仪器入井技术；利用旁通转换、钻具水眼通道和水力泵入钻井液推力输送湿接头入井、对接形成水力泵送对接技术。

经过近 40 年的发展，该技术配套测井仪器项目齐全，配套工具可靠、工艺成熟，占大斜度井、水平井等复杂井测井施工技术的 40%。湿接头式钻送测井时旁通以上电缆裸露在钻杆外，由于电缆的安全性能导致测井时旁通不能出表层套管（简称表套），该技术主要适用于大斜度和水平段总长度小于表层或技术套管长度的水平井。在井涌、溢流及井口不正等特定风险的复杂水平井进行湿接头测井施工时，存在水平段开泵循环对接成功率低、井控及安全风险大、时效低、成本高等问题。为完成测井施工，在技术套管长度大于 1 m 的水平井仍采用湿接头式钻送测井技术进行施工，再进行多次泵送对接。

五、直推存储式测井技术

直推存储式测井技术就是通过转换短节，直接将测井仪器连接在钻具下方，入井前设置仪器参数，由钻具将仪器送至目的层进行测井施工，可以先进行下放测量，到井底后再进行上提测井，一次施工可测得下放和上提曲线，完成 2 次测井。

总的来讲，该技术不需要绞车、电缆，工艺简单，测井时效高于湿接头式钻送测井技术，一次下井可取得下放和上提2条测量曲线，且能基本达到电缆测井仪器测量精度，适用于井眼规则、井况良好、井壁稳定的斜井、大斜度井和水平井。

直推存储式测井技术的缺点：下钻过程出现仪器遇阻、遇卡，司钻（石油钻井中带班工人的职务名称）无法实时有效识别，并且仪器刚性强度远小于钻具刚性强度，可能导致仪器损伤、折断落井；仪器下井后状态不易判断，仪器故障不能及时中止和复测，所以该技术在初期主要用于套管井固井质量测量。

近两年随着高温高压超深井、易喷易漏井数量的增多，通过改变仪器外管的厚度、材质和结构促进了高强度直推存储式仪器的快速发展，较好地控制了仪器井下损伤的风险，很好地解决了三超井、大斜度井、小井眼井及易喷易漏井等复杂工况井的资料采集难题，一次下井即可完成所有常规与特殊项目的测井作业。2020年度塔里木富满油田因易喷易漏等风险导致未测井比例高达66.7%，2021年度高强度直推存储式测井仪器和技术的推广有效解决了该问题，测井率提高30%。但该技术仍不适用于井壁不稳、轨迹复杂及超长水平段井的测量，尤其是化学源放射性测井。为了有效解决直推存储式测井技术井下损伤仪器的风险，研发了钻杆保护套工具和技术。

六、柔性管道测井技术

在水平测井技术中，需要解决的最大问题便是如何将测井仪器运送至水平钻穿地层中，此时，便可以运用柔性管道测井技术。虽然柔性管道测井技术具有负载能力低、运行速度较慢等缺点，但是此项技术最大的优势便是拥有非常好的传输力，可以利用地面上的各种设施使运行成功率大大增加。如何把测井的相关仪器运送到水平钻穿地层当中，是测井工作人员面临的第一个问题。受到多种因素的影响，并在满足测井工程项目要求的前提下，要想确保工程效率的提升，工作人员就需要关注柔性管道测井技术。

在使用该技术进行测井时，需要利用地面上各种类型的机械设备提高其整体的使用能力，从而将整个石油生产期间的传输能力进行提高。据了解，与其他类型的测井技术相比，该类型的测井技术运行成功率非常高，能够提高测井工程的实际效率，也能够促进有关作业的运行。

七、随钻测井技术

（一）随钻测井技术的提出

随钻测井技术是基于地层电阻率等随钻测井信息，与井下流体特性等多种信息相结合，通过对测量信息进行反演处理，识别井筒数十米外的地层和油藏边界，由地面软件完成随钻油藏测绘的一种测井技术。

该技术提高了随钻探测深度，具有普通方向性测井及井筒成像测井不具备的超深探测特性，能准确引导钻头在储层中的最佳位置钻进，及时识别前方"甜点"及储层边界，有助于及时调整井眼轨迹，提高储层钻遇率，达到提高单井产量、降低吨油成本的目的。

（二）随钻测井技术的应用情况

井下仪器为钻井提供实时测量数据信息，地面信息系统以专业的数字模拟软件为核心，通过测得的地层参数分析地层展布规律、地质构造特征、石油储层的变化、岩石特征等，而这些实时有效的数据为工作人员提供了参考，使得工作人员能够根据储层变化等信息采取相应的措施，确保钻井的安全和工作质量，大幅度地提升了石油勘探开发效率。同时，在利用随钻测井技术的基础上还可以同时运用其他测井技术，有效结合各项技术的优势，为后期储层信息的进一步分析提供依据。

页岩气储层岩性复杂、含气隐蔽，在提高有效储层钻遇率方面，随钻测井技术发挥了关键作用。随钻测井技术在页岩气钻井开发方面的具体应用情况可归纳如下。

1.识别断层与井壁裂缝

随钻测井技术对页岩气钻井开发能够在多个方面进行应用，帮助页岩气钻井更加顺利地进行工作。随钻测井技术对于页岩气钻井的一个很重要的优势就是能够识别断层和井壁裂缝。

在页岩气钻井中，如不能找到断层或者井壁裂隙直接开展工作的话，非但不能够收集到大量页岩气，而且耗费了大量人力物力资源，还有可能造成交通事故的产生甚至钻井仪器出现损坏等。

随钻测井人员可以利用自然伽马技术与电阻率技术去确定有没有存在断裂或井壁裂隙。在实践中，自然伽马技术可以确定有没有出现断裂现象，而电阻率技术则能够确定钻井周边的裂隙，进而分析以及处理裂隙的连贯性以及不同形态，从而帮助页岩气钻井作业可以更为顺畅且少故障，并且更好地对页岩气资源进行合理利用。

2. 扩径、井径分析

在随钻测井技术的应用中，随钻测井人员通过随钻电成像、高分辨率密度成像数据分析，可明确扩径、井壁失稳的问题。在成像结果中，越明亮则井径扩大越严重。与密度成像相比，在电阻率高的钻井液内电成像的精度较差。

3. 岩石力学特征分析

岩体的力学特性，主要是指岩体在应力作用之下所呈现的各种力学特性，而岩体在地质作用过程中和应力相互作用之下所呈现的不同力学特性，都会对岩体结构有很重要的影响。

在对页岩气钻井开发的过程中就需要对于岩石的力学特征进行分析，而随钻测井技术就是对于岩石进行力学特征分析的主力技术。随钻测井技术当中的成像技术能够分析岩石的纵横波数据，记录数据之后再通过公式去计算页岩的参数。而从随钻测井的记录单中，可以测算到孔隙压强、上覆岩层压强、崩塌压强、水平主应力、岩石弹性参数以及岩石强度参数等。

通过对于这些岩石的数据分析，可以判断进行页岩气钻井的时间以及强度等。随钻测井技术和随钻测量术，用于水平井准确定位、岩石地层评价，引导中靶地质目标；控压技术或欠稳定钻取术，用于防止漏电、增加钻速和储层保护，利用压缩空气当作循环介质在页岩中钻孔；气泡固井工艺技术，用于解决低温易漏长封固水平段固井产品质量较差的难题；有机物质与无机盐结合抗膨技术，用于保证下沉井壁的安全稳定。

4. 指导地质导向作业

在随钻测井技术的应用中，早期主要使用随钻自然伽马测井方法，但此方法在划分复杂地层岩性、识别气层方面表现较差，可能使井眼错过"甜点"。

随钻侧向电阻率成像测井技术、高分辨率密度成像测井技术、随钻声波时差测井技术的联合应用，可真正实现"取长补短"，全面提高有效储层的钻遇率。

（三）随钻测井技术施工模式分类

随钻测井技术主要可分为两大施工模式，一是记录模式。在这种模式下，相关设备仪器在钻进时只需完成数据信息的存储，无须对信息进行及时传输。直至仪器下载口与转盘面相距 1.5 m 左右时，再借助数据下载线，在计算机内部完成数据处理，并在处理完后将数据信息打印成图；二是转化模式。在仪器钻进的同时完成相关测量数据的传输，将测量数据输送到驱动器上后，驱动器通过特定方式完成编码，将数据传送至传感器，之后系统再通过解码处理，进行图形数字的打印。

（四）随钻测井技术的实施意义

随着石油勘探开发工业已转向开发那些规模小、油层薄的裂缝油藏和物性差的油藏，以前这些油藏的地质评价结论都很差且被忽视。由于这些油藏地质状况复杂，如果使用电缆测井往往不能成功，而随钻测井成为最佳选择。目前，随钻测井技术已经成为大斜度井、水平井和小井眼的侧钻多分支井油藏评价的重要手段，是定向井的关键技术之一；随钻测井技术也是完成大角度井和水平井钻井设计、实时井场数据采集、解释和现场决策以及指导地质导向钻井的关键技术，被誉为钻头的眼睛。随钻测井提供的原始记录仅是一些反映地层地球物理特性和井身结构的数据，如地层自然伽马、体积密度、中子孔隙度、光电吸收指数和不同探测深度的视电阻率及钻时、井径、井斜等参数。

若不对这些探测深度、分辨率各异的原始数据进行必要的处理校正，提供给用户的成果可靠性变差，可能失去随钻测井的地质导向作用和地层评价意义。鉴于油田现场目前使用随钻伽马和电阻率测井仪测得的资料受仪器不居中（偏心）和井眼扩大及地层倾斜（或井斜）等因素的影响，很有必要开展以直井测井资料为对比标准，建立随钻测井响应反演校正模型，并对随钻测井资料进行必要的环境影响反演校正处理，使其反演校正后的测井响应值能够较真实地反映钻头附近的地层特性，实现地层参数的随钻测井解释、井眼轨迹与油藏关系的随钻测井分析，利用随钻测井资料进行地质导向和井壁稳定性分析。

（五）随钻测绘技术新进展

为了提升复杂储层随钻测绘探测的精度，增加径向探测距离，国际油服公司近年来相继开发了多层随钻测绘技术、三维油藏随钻测绘技术和深探测方位电阻率技术等新技术。

1. 多层随钻测绘技术

多层随钻测绘技术可测绘井筒周围多个边界层，提供水平电阻率、垂直电阻率、地层倾角和方位角等参数信息，为复杂油藏提供精准的地质导向和随钻地层评估。斯伦贝谢公司 2021 年推出 PeriScope Edge 多层随钻测绘技术，采用行业内首个轴向、倾斜和横向的天线组合，通过具有多天线模块和多发射频率的新型深探测电磁波电阻率随钻测井技术来进行地层参数测量，以解释复杂的各向异性地层。测量结果结合先进的反演算法，可清晰测绘并揭示 8 个边界层，探测半径达 7.6 m。与传统随钻测绘技术相比，PeriScope Edge 可大幅提高探测边界层数量和探测深度。

2. 三维油藏随钻测井技术

三维油藏随钻测井技术由多个横向二维反演切片实时生成三维油藏测绘图，实现高分辨率和探测深度之间的最优化，钻进时可及时更新油藏模型，为地质导向提供决策依据。2022 年推出 GeoSphere 360 三维油藏随钻测井技术，集成了可实时传输到地面的新型井下测量工具，适用于复杂油气藏的新型反演算法，可随钻实时解释计算模式。与前期技术相比，测量数据量增加了一倍，极大促进了对井筒周围地层的识别精度。

3. 深探测方位电阻率技术

深探测方位电阻率技术可精确绘制岩层和流体层的位置、厚度和电阻率，实现多层可视化，最大限度提高井筒与储层的接触面积。哈里伯顿公司 2022 年推出深探测方位电阻率技术 StrataStar，可实时测量井筒周围 9.1 m 范围内的地层和流体。

八、地球物理测井技术

（一）地球物理测井技术概述

地球物理测井技术是煤田地质勘探的重要手段之一，它是以岩（煤）层各种物性、电性条件的差异为基础来研究煤田地质问题的一种测井技术，因此对施工钻孔都应进行测井，并要加强试验工作，先进行基准井的测定，选择有效方法使地质特征更加明显。随着测井方法和应用技术的不断发展，地球物理测井技术能为地质勘探提供更好更全面的服务。

到目前为止，地球物理测井方法得到了很好的发展，不仅能分析全孔岩性剖面，而且能辨识各类目的层，例如，煤层、铝土矿、油页岩、煤层气、放射性矿层、含水层、地热层、破碎带、裂隙带、溶洞、岩盐层等地层地质结构。

（二）地球物理测井的主要地质任务

①判别岩性、编录和校正钻孔地质剖面。
②确定含（隔）水层位置和厚度，判定孔隙、裂隙发育及泥质充填情况。

③推断钻遇（含地质编录遗漏的）磁性体（含矿体，下同）的厚度、产状与延伸。

④验证钻探成果，发现旁侧和井底异常，为地质工作提供帮助。

⑤在地质、地球物理条件具备的勘查区，用以估算磁铁矿层的全铁品位。

⑥结合地面磁测资料，提高磁性体规模、分布范围推断的准确度。

（三）地球物理特征

地球物理物性参数的差异是开展地球物理测井工作的前提条件，泥岩视电阻率平均数值为 11.10 $\Omega \cdot m$，密度平均数值为 2.02 g/cm^3，自然电位平均数值为 -66.92 mV，天然伽马平均数值为 107.72 CPS，表现为低阻层、高天然伽马；细砂岩视电阻率平均数值为 13.98 $\Omega \cdot m$，密度平均数值为 2.08 g/cm^3，自然电位平均数值为 -66.97 mV，天然伽马平均数值为 100.43 CPS，表现为中阻层、高天然伽马；中砂岩视电阻率平均数值为 18.36 $\Omega \cdot m$，密度平均数值为 2.05 g/cm^3，自然电位平均数值为 -79.34 mV，天然伽马平均数值为 88.76 CPS，表现为中阻层；粗砂岩视电阻率平均数值为 24.88 $\Omega \cdot m$，密度平均数值为 2.02 g/cm^3，自然电位平均数值为 -82.58 mV，天然伽马平均数值为 79.54 CPS，表现为高阻层；砂质砾岩视电阻率平均数值为 21.89 $\Omega \cdot m$，密度平均数值为 2.10 g/cm^3，自然电位平均数值为 -70.07 mV，天然伽马平均数值为 86.81 CPS，表现为中阻层；煤层视电阻率平均数值为 28.96 $\Omega \cdot m$，密度平均数值为 1.41 g/cm^3，自然电位平均数值为 -72.90 mV，天然伽马平均数值为 38.02 CPS，表现为高阻层、低天然伽马。由上述分析可见，区内各地质体各物性参数存在明显的差异，总体反映为 6 种岩性特征。其中，煤层具有高电阻、低密度及低天然伽马等特点。

（四）地球物理测井技术运用的重要性分析

在矿区水文地质勘查工作开展时，地球物理测井技术的有效运用，能够更好地满足水文地质勘查的需要，保证勘查的效果及质量。同时，结合地球物理测井技术特点来看，将其融入地质勘查分析中，能够对勘查工作中的问题、不足做好有效的把握，提升勘查工作的针对性、准确性，为矿产地质勘查提供重要的参考及指引。地球物理测井技术运用于矿区水文地质勘查中的重要性，具体表现在以下几个方面。

1.提升矿产地质构造分析的质量

地球物理测井技术运用于矿区水文地质勘查中，能够对矿产地质构造的情况做出有效反馈，使地质勘查工作得到有针对性的开展，确保采矿施工的效率及质量。同时，借助地球物理测井技术，能够对矿井的数据信息进行有效的获取，并且对煤岩层可能发生的形变做好把握，为煤矿开采工作提供一定的参考及指引，保证煤矿开采工作能够得到有针对性的应对。同时，在进行矿区水文地质勘查的过程中，合理应用地球物理测井技术，可以准确掌握矿山水文地质状况，为今后的生产工作提供有力的依据，保证矿山生产的正常进行。

2. 对矿井风险要素做好有针对性的、全面的分析

在矿山水文地质勘探中应用地球物理测井技术，可以很好地掌握矿山的危险问题，获得勘探资料，为矿山生产提供重要的数据支撑和指导。从煤矿的实际情况来看，爆破事故直接关系到煤矿的安全和生产，严重危及工人的人身安全。根据这种状况，利用地球物理测井技术，可以对采矿过程中存在的潜在危险进行调查，为实际采矿提供相应的对策。

矿井在开采过程中，将会排放出含有有毒、有害物质的气体，其浓度的变化将严重危及矿工的生命和健康。同时，光凭肉眼或者感知，也不可能准确地掌握气体的浓度。根据这种情况，利用地球物理测井技术，可以收集和采集现场数据，并对数据进行有效的分析，对煤矿开采过程中出现的问题进行有效的控制，并制订出实际的防治措施，以保证工程的顺利进行。

3. 做好矿井涌水量的有效把握

在进行矿井开采的过程中，矿井涌水量对于矿井开采的安全性、可靠性产生了较大的影响。在煤矿开采中，地质水文信息会对矿井开采的效果及质量产生较大的影响。水文地质勘探工作开展时，对矿区水文地质的勘查工作，能够确保矿井施工工作的顺利开展，并为后续施工工作提供重要的数据支持。利用地球物理测井技术，能够对矿区水文地质情况做好把握，并结合勘查数据信息，对矿井的涌水量做好事先的估算，对矿井涌水量做好有针对性的控制，以避免在实际开采中，由煤矿涌水量过大导致坍塌安全事故的发生。

综合以上分析，我们可以认为在矿区水文地质勘探中应用地球物理测井技术，可以为有效开展煤矿勘探工作提供可靠的数据支撑，为矿山生产的高效进行提供科学依据。同时，加强地球物理测井技术的应用，可以准确掌握矿井生产中存在的各种危险和隐患，并根据已知的情况采取科学、合理、有针对性的防范措施，从而降低生产事故的发生率，保证采矿生产的正常进行。

九、声学测井技术

声学测井技术是一种以不同岩石、流体对声音传播能力不同这一性质为基础形成的一种测井技术，在当前的社会发展过程中，这一技术在矿产资源开发、建筑工程等领域均发挥着极为重要的作用。

在声学测井技术的应用过程中，为进一步提升工作的精度，需要先确定声源信号，同时，要考虑到在应用这一技术时，声音在传播过程中会掺入较多的干扰噪声，导致产生的音频信号并不是一种稳定的信号，若直接对得到的信号进行分析，那么技术的应用质量便会有所下降。

现阶段，为了切实解决上述问题，将列阵音频增强技术应用到声学测井技术当中，针对产生的音频信号存在时空特性的特点，去除音频信号中的噪声，然后实现声源的有效定位，可以为目标声源信号的确定创造良好的条件。

第三节 水平井测井技术的应用

一、水平井测井技术分析

1993 年 9 月，自水平（大斜度）井测井射孔（取心）资料解释技术交流会开展之后，不仅是科研方面，石油工业也开始青睐水平井测井解释技术，并逐渐开始研究和应用水平井测井解释技术。在新老油田中，水平井测量解释技术不仅可以显示出单井产量，还可以将开发的成本控制到较低的水平、提高投资回收率。

（一）水平井的射孔技术

为了能够更好地进行各种环境下石油的勘探，必须要加强对石油勘探新方法和新技术的研究，明确石油化工行业改革和发展的重点。

首先，相关工作人员需要对底层环境的各种资料进行系统的研究，并不断开发新的射孔工艺方案，目前在水平井生产中应用的几种射孔工艺新方案包括低渗气藏、冷冻低孔等。

其次，应用负压联作射孔可以提高油气储层渗流环境，从而能够降低井钻和射孔对石油储层的破坏。另外，还可以应用封堵技术与射孔相结合的方案，开发新型水平井射孔技术。该技术在水平井中的有效应用能够提高测井的准确率和发射率。

（二）自然伽马测井技术

自然伽马测井法的应用时间较长，该测定方法利用的是地层的天然放射性。由于沉积岩的微量放射性元素含量不同，自然放射性强度也就不同，由此来对其进行测量。

在自然伽马测井法的应用过程中，确定好管柱下入的深度后，再通过相应测井资料来配合辅助识别水淹层。测自然伽马曲线的同时记录下套接管箍曲线，可以准确地确定射孔层位。在伽马测井技术的施工过程中，需要对水平井进行通关处理，对井内的污物、结垢进行处理。

（三）超声电视测井技术

超声电视测井技术利用的原理为声波反射，通过将反射回来的声波进行信号转换，从而进行相应的测井工作。该技术主要应用于检查射孔的质量以及套管的破损情况。在施工过程中，需要将测井井段的数据进行标注，并选择合适的通井规通井以保持井筒通畅。超声电视测井技术也需要对井筒内的井壁进行处理，通过相应的刮管处理，保证井壁的清洁从而保证能够形成清晰的测井图像。若井筒内，没有液柱时，需要使用罐车进行灌水。

超声电视测井技术是利用声波的反射原理来达到测井的目的，在发射超声波之后，可以通过换能器接收反射回来的信号，并转化为电信号显示出来，这种技术可以帮助工作人员更加清晰地了解地层中的基本状况，同时该技术具有操作方便的特点，被广泛应用于油田的开采中。

除此之外，利用超声电视测试技术还可以对井中的套管情况进行及时的检测，从而能够及时地发现并更换损坏的套管。

二、水平井测井技术的具体应用

（一）测井设备

在目前多种类型的水平井裸眼井测井技术中，湿接头式钻井测井技术利用率相对较高，使用该技术进行测井的工作人员需准备的设备主要有旁通短节、公头外壳、卡子以及间隙器等。

而在水平井生产测井技术中，连续油管测井技术和井下牵引器输送技术应用最广泛，成功率也最高，使用该技术进行测井的工作人员需准备的设备主要有防喷装置、连续油管设备、井下牵引器以及吊车等。

1.流量测井仪器的选择

对很多特殊水平井来说，因为结构比较特殊，会产生很多测量设备不能接的问题。以斜井水平井测量为例，受到井眼等因素的影响，原因在于测量设备不能通过重力作用下降测量，测量期间会发生测量设备等机械损伤状况，这样涡轮流量计等机械转部位不能保持正常运行状态，测试也不能取得成功。在观测和分析相关数据后，选择集流式涡轮流量计、线式涡轮流量计、全井眼涡轮流量计等测量仪器。

在测量的过程中，油、气及水要通过金属集流伞，之后进入集流通道。因此需要将涡轮 RPS 值测量出来，便于掌握油、水、气等实际流动情况，以线式涡轮流量计、全井眼涡轮流量计等测出的数据为补充。在将生产情况明确下来以后，需要对井径曲线、井身宽窄等进行测量。

2.相持率测井仪器的选择

油、气、水等相持率和流体运动速度是主要测量数据，以往一般采用电容法持水率计与流体密度计等测量设备，且为居中测量，所得数据只可以将流道中心部分流体的运动规律反映出来。然而很多水平井内上述测量设备无法顺利居中，因而测量数据一般为井底低端侧流体数据。

加之水平井内会发生油、气与水密度差、各自分层与不同流态等问题，这就需要选择电容阵列多相持率测井设备，主要将一定数量的微型电容传感器设置在套管内壁，探测周围流体的电导率，根据各种流体的具体特征，输出不同的频率对相持率进行测量。在不同位置安装传感器，在同一井下深度测量各个位置的相持率，之后整合相关数据，这样可以获得真实性较强的测量数据。

（二）测井准备

在开展水平井测井工作之前，工作人员必须进行一系列的准备工作，主要有施工方案的确定、工作前安全会议的开展、测井内容的传达、相关方的交底等。在施工方案确定之前，需要对水平井位置、地质、水位、环境等进行深入的勘察，了解到相关的地质特点之后，与相关的技术资料相结合，保证施工过程的安全。众所周知，不管是进行哪种类型的工程建设工作或者生产工作，安全都是一切工作的重中之重。所以在施工方案确定之后，还需要安排相关的工作人员对测井内容和施工风险进行提前宣传，可通过安全会议、知识发布等方式，让每一名工作人员都能按照具体的施工步骤，按部就班地开展一系列的工作。如果在测井期间出现特殊的情况，就需要先征得甲方的同意，然后再进行后续的施工操作。

在进行水平井测井技术应用时要做好充分的前提保障工作，为技术应用能够达到预期的工作效果而做好准备。准备工作包括施工方案的制订和论证以及施工开展之前的技术安全会议召开。

1. 施工方案

在开始进行详细的施工方案制订之前，相关技术工作人员应该首先对施工现场的各种资源做充分的阅读和理解，之后对施工现场进行实勘，根据技术工作者自身的工作经验，及时发现实勘结果与测井通知单方案相悖或者错误的情况，同时应该根据实勘结果，及时修改方案中存在的相关问题。

2. 安全会议

安全会议的召开就是要将施工中可能存在的工作难点、重点以及危险点再次地进行确认和总结，再次将工作施工中的技术方案和技术手段论证好，做好相关书面技术交底工作，使施工人员能够彻底地理解和掌握相关工作技巧，重点保障好工作人员的自身安全。在施工作业中，要听从作业指挥领导，发现相关突发情况和特殊问题时，要听从测井方的指挥，按照明确的指挥方案开展相关工作。

（三）测井施工

一系列的准备工作完成之后，就可以对测井使用的所有设备设施进行检查，保证所有仪器的连接正常之后，再对相关的仪器进行校准。需要注意的是，工作人员必须根据施工方案和具体的要求进行灵活变通，对锁紧装置开展测试并得到功能一切正常的测试结果后便可以进行下钻的工作。

在进行下钻操作时，工作人员仍然可以按照湿接头式钻送测井技术进行下传的操作，但在整个过程中，现场的施工人员必须对相关的问题，如时间问题进行严格的控制，节约组装的时间以及下传的时间。为了保证整个操作过程一切都能具有较高的完成度，并且经过一系列的操作之后，可以顺利地到达测量的部位，工作人员需要将钻杆内部循环液、钻井液等物资的质量进行严格控制，避免颗粒或者碎屑进入其中。在进行测量操作时，钻杆的运动速度必须以恒定的速度上提，在开始运动时也要时刻注意立柱内深度的变化，确保它的变化范围以及传感器记录的深度范围，不会超过一定的误差，一旦这两个数值超过一定的误差之后，就要一起进行纠正，否则资料的准确性将会受到影响。

按照正确的组装流程对设备进行组装连接之后，对仪器设备的正常使用情况进行检查，保证设备能够正常有效地工作，对各种仪表的精确度进行有效的调整和校对，对于仪器设备重要的功能进行重点测试，比如设备的锁紧装置使用情况，一切检查合格就绪之后就可以开始下钻作业了。

为了确保测量仪器不会受到任何的撞击和损坏，而且可以顺利地完成对接，必须清除钻杆内的杂质，确保不会有任何的杂质粒子和其他有害的胶凝物质。通过钻孔工具，将测井仪器和设备的安装工作全部完成，在电缆通过接头的时候，将泵下枪的位置调整到合适的位置，并将相应的工作流程和特殊情况都记录下来，这样以后遇到问题的时候，也可以进行经验总结。

完成对接之后，就要对下放位置深度进行核查，深度位置检查合格之后，就要对旁通短节的密封装置在其上方位置进行固定锁紧，一般采用的是电缆卡子将电缆有效地固定住，电缆卡子要通过绞车调整使其达到准确合理的位置，电缆卡子应该处于槽内的两侧，利用剪切螺栓分别从两侧将其固定住，电缆卡子与旁通短节固定之后，要进行必要的拉力测试，对测试的方法以及测试的结果要做好充分、详细的记录。

在下落的时候要慢而均匀，不能出现大的突然下降，一般都是在空挡的状态下，用手刹来控制下坠的速度，均匀地放下可以有效地避免掉线的结扎，当缆绳在松开的时候被卡住的时候，要及时地采取有效的措施，或者在停止放线的时候把缆绳抬起来，等清除掉妨碍的障碍物之后，再继续。最后的下沉深度若与柱子的高度一致，则可确认下沉深度的精确性和正确性，并做好有关的资料移交工作。

测量工作是通过对钻杆的匀速上提，保持仪器合理的工作条件来实现的。在开始作业时要观察记录初期几个立柱的深度变化和稳定情况。立柱深度应该与钻杆的深度是相同的，深度如果出现了较大的不一致情况，就要及时地调整面板手刹的控制力，电缆张力一般是影响二者深度出现较大偏差的重要影响因素。问题排除的方法就是采用最保守的全面检测方式，对所有的柱位进行检测和测量，在各个柱位的测量工作完成之后不代表所有工作的完成，可能因为数据的偏差还要另行各种补测，因此要做好井径腿的回收，方便补测的开展，直到数据经过精确核实无误之后为止。

完成测量工作之后要做好收尾工作，先对设备断电，之后拆除电缆卡子、剪切螺栓，拆除旁通短节，作业人员将所有的井下仪器设备拉出，对仪器设备进行必要的清洁和保养，再次检测仪器设备的精确度和工作有效性，做好相关记录工作，完成整个施工。

第四节　水平井测井质量的提高

一、水平井测井技术存在的问题

（一）测井过程中所面临的问题

在目前的测井工作中，经常会出现在套管井中进行下放或者上提工作时速度忽快忽慢的问题，导致仪器的振度过大，不仅会造成仪器的损坏，还会浪费大量的时间。

在测井工作中，经常会出现测井的钻台与测井操作时沟通有障碍的问题，导致无法及时将信息传达，也给后续工作带来了很大的困扰。

在以往的测井施工工作中发现，经常会出现螺丝下方的钢垫过于疏密，导致电缆容易被内壁切断，电缆被切断，会严重耽误工作周期，使仪器串因在井中停留的时间较长而损坏。

（二）关于测井设备的问题

在测井过程中，设备的使用对测井工作至关重要。而在设备使用方面最常出现的问题便是剪切螺栓会因为受到压力的影响而容易拉向一侧，此时，若丝扣的质量有问题，或没有对其进行有效养护，很容易发生螺栓头断掉的情况。

在进行下放工作时，若电缆缺乏足够的张力，以比较松弛的状态置入井中，那么在旁通节的运行过程中，电缆会不断扭曲，当钻管压过电缆时，容易使二者打结，损坏电缆。

在进行测井工作时，要确保电缆夹与旁通短节中的电缆固定结实，若没有固定牢靠，则容易产生较大的滑力，这样一来不仅会严重影响测量结果，还会因为拉开碰锁而对仪器造成损坏。

（三）关于接头对接的问题

若出现母头穿孔，并且没有任何机械进行对接，便需要重新连接。但是在盐水泥浆内，若是重接，会严重影响母头连接处的绝缘性能，从而使仪器损坏。

井下的母头容易受到黏土、岩屑等填充物的影响从而导致钻杆被堵，这会直接影响湿接头的对接效果。

二、提高水平井测井质量的措施

（一）收集准确的测井信息

测井信息的收集对后续水平井测井工作的开展是十分关键的，在测井设备的应用中，有关工作人员必须考虑到各种不稳定的因素，例如，井眼的状态，这些都是采集测井资料的重要环节，所以相关人员在采集数据的时候，必须要根据大量的数据来进行，相关工作人员在开展该项工作之前要做好相应的准备工作，明确水平井的具体位置，并对油气的结构和储层的分布进行测算，这些工作虽然理论上看起来较为简单，但是在实际操作的过程中有着极大的难度，且受到各种不可控因素的影响，需要工作人员明确各个工作细节，对一些显著的标志进行标注，这样才能够方便后续工作人员各项工作的开展。

（二）应用高新技术软件

水平井受到井眼和地层接触关系的限制，在进行水平井解释时，要将其与经验轨道资料等有机地融合在一起，这样的工作很困难，而且工作量也很大，仅凭手工操作，不仅耗时耗力，而且还需要大量的人力物力。但是，如果使用高科技的软件，就可以直观地将数据和结果显示在水平井解释工作中，在对井眼的轨迹方向进行判断的时候，利用这些软件会形成相应的图表，能够使工作人员清晰地明确井眼的轨迹方向以及涉及的垂直深度和东西位置等，使得对这些坐标的转换和井身结构的立体图得到直观的反映，工作人员在对这些方位进行控制的时候也能够更加准确。

（三）提高工作人员的专业素养

提高工作人员的素质是提高其职业素质的关键。在进行水平井测井作业时，工作人员所面对的工作困难系数很大，所以可以安排部分员工参加相关的培训，以充实他们的理论知识，并使之与实际相结合，在测井工作开展时也能够更有效率。企业也可以引进一些具有专业技术水平的工作人员，由他们来带动整体的工作氛围，针对一些在测井工作中经验不足的员工，他们也能起到一定的帮助和指导作用，水平井的综合评定和测井解释工作的开展需要对各个数据进行分析，并对绘制的图案进行制作，充分考虑测井和布置图的合并，这就需要有科学合理的定量评价，如果工作人员不具备较高专业水平，在开展这项工作的时候，极有可能会造成一些潜在的质量问题，所以企业和相关单位要重视对专业人员的培养。

第五章　水平井固井技术

固井是水平井开采过程中极为关键的一个环节，固井技术是为了巩固打好的井口，保证加工后井口的质量，固井质量的好坏和成败对后续作业的效果、水平井的勘探开发和采收率的提升都有非常重大的影响。本章分为固井基础理论、固井设备的维护使用、水平井固井技术现状、水平井固井关键技术、水平井固井质量的提高五部分。

第一节　固井基础理论

一、固井的目的

固井是一项独立的系统工程，具有作业时间短、工序多、技术性强、隐蔽性强、风险性大等特点。固井质量的好坏不仅关系到井中资源的合理开发，而且对后续井下作业的顺利进行有着重大影响。

固井的主要目的是封隔疏松、易塌、易漏、高压等地层；封隔油、气、水层，防止互窜；安装井口、便于钻井和生产。此外，固井有效分隔了井壁与套管的直接接触，可防止套管腐蚀，水泥浆凝固后可起到悬挂套管的作用。固井作为保障油田生产的关键性工程，是继钻井之后的一道最为重要的工序。固井技术为多学科研究应用，涉及地质、石油、机械、化学、流体力学和电子等学科。

二、固井施工成本构成

固井施工作业分为很多个生产环节，施工过程中的每一个环节都存在各类成本费用的使用消耗，具体如下。

①前期的资料收集阶段。根据地质资料确定适合这个地层的水泥浆性能，调配水泥浆体系，并根据测井的结果，计算井筒容积，确定水泥的使用数量、套管附件的管串结构、水泥外加剂的添加量。

②施工前的准备阶段。根据钻井现场的大小合理使用吊车台班布局储水罐、压风机、深井泵、储灰罐、油罐、泡沫发动机以及固井压力车的方位；根据水泥浆体系的比例进行水泥、药剂混配；根据钻井进度将配好的干水泥、套管附件以及井口工具拉运到井场。

③施工阶段。对现场的油罐进行柴汽油补充，对储水罐进行水源补充；测试各个车辆性能，补满机油和润滑油；在施工时严格按照施工设计标准进行现场施工，保证现场安全连续。

④施工后阶段。回收现场剩余的水泥、套管附件；对车辆设备进行仔细检车，更换超过使用寿命的泵配，对出现的故障进行维修。

三、固井的施工流程

固井施工的工艺流程如下。

①首先往井下注入前置液，将套管中以及套管和井壁之间的杂质冲净。

②压入隔离塞（胶塞）用来将水泥浆和前置液隔离开来。

③注入水泥浆。

④压入碰压塞（上胶塞）用来隔离水泥浆和替井液。

⑤注入替井液，将水泥浆从套管内压入套管和井壁之间的环形空间。

⑥碰压。

⑦水泥浆凝固，固井作业结束。

固井工作开始时需要先在井内循环钻井液，起到洗井的作用，之后向套管内注入隔离液起到分隔钻井液与水泥浆的作用，注入适量的隔离液后在底塞和顶塞之间注入水泥浆，在注入足够的水泥浆后，将钻井液通过井口最上方的输入口在顶塞上方注入钻井液，通过后注入的钻井液顶着水泥浆完成替浆过程，最后通过井口安装的设备完成井内的保压，待水泥浆干燥后整个固井工作完成，其中注水泥浆过程是固井过程中的关键工序，其目的是加固井壁防止出现坍塌，并起到保护管套、封隔油气层和水层、增加油气产量的作用。

常规固井作业流程需要注入多种流体，当胶塞受到流体压力达到某一数值时达到碰压状态，此时应该停止注入当前流体，如果注入的流体体积过大或过小将造成固井作业失败或固井质量差的结果。例如，在注入水泥浆的过程中，如果注入水泥浆体积过小，则水泥浆无法有效填充套管周围的环形空间，大大降低固井质量；如果水泥浆注入体积过大，可能导致胶塞超过临界碰压压力状态，水泥浆击穿胶塞，导致重大固井事故，造成资源和经济的损失。因此，固井作业中流体流量的精准计量对于钻井工程、固井工程都具有重要意义。

四、固井的施工特点

固井工程是指将井壁进行加固，保证后续工程施工的安全完成，将油、气、水层分隔开，保证后续能分层试油和顺利开采油气，在井里下放符合标准的钢套管，再利用泵车的压力和排量将水泥浆注入地下的环空，将套管和地层紧密固定。固井施工流程有以下特点。

①固井作业具有隐蔽性。固井工艺的主要流程全部在井下发生，施工人员无法直接观察到井下状况。井下的未知因素太多，有一定的不可预见风险，在固井施工前的设计环节需要保证数据的准确性。

②固井作业是一次性工程。固井作业是一项一次性连续工程作业，将水泥、外加剂和水进行搅拌混合，形成密度合适的水泥浆，在压力泵的注射下注入套管的环空，若出现质量问题，一般很难补救。

③固井作业是一项高消耗工程。例如，石油行业是一能源高消耗行业，在生产过程中需要消耗掉大量的水泥、外加剂、入井附件、燃料、水电等材料，材料成本消耗占到整口井工程成本的 50% 左右。

④固井工艺的要求是压稳、替净和有效封固，这就要求在施工过程中要尽可能地提高固井顶替效率。提高固井顶替效率的实质就是提高水泥浆对于钻井液的驱替效率，减少环空内钻井液滞留，增加水泥浆在环空内的面积。在固井注水泥顶替过程中，井眼的几何形态及参数、流体的流变性能、施工作业的技术与参数等因素都将对顶替流动规律及顶替效果产生影响。其中井眼几何形态及参数的变化对顶替流动的影响极为重要。如井壁的凸起、凹陷以及变化的频度、幅度，不仅关系到壁面的几何形态及整体结构，还会影响顶替流动形态，甚至改变流场的结构进而影响固井质量，而固井质量将直接影响后续石油的开采。

五、固井中水泥浆流动

固井作为联系钻完井作业和后期油气开采的重要环节，直接影响后续各项施工作业的正常进行和油气田的安全合理开发，其根本目标是实现油气井长期密封的完整性（密封完整性、结构完整性和腐蚀完整性）。固井水泥浆作为确保油气井功能完整性的关键材料，具有支撑套管、封闭地下复杂地层、密封地下油气水层、防止层系串通和保护产层等重要作用，水泥环的胶结质量直接关系到油气资源能否安全、可靠、经济、高效地开采。例如，深水固井作为深水油气资源安全、高效开采的重要保障，与陆上固井和浅水海域的固井作业相比，主要区别在于表层段固井。深水固井作业首先面临的挑战就是海底低温环境和深水浅表层的疏松不稳定地层。浅水海床的温度多在 15℃ 左右，而深水海床的温度则很低，即便是在常年温度较高的热带地区也只有 4℃ 左右。井眼穿过的地层通常在海床和泥浆线之间，地层形成时间短、松软未胶结，地层孔隙压力和地层破裂压力梯度之间的安全密度窗口窄、地层破裂压力梯度低、地层易漏。在深水浅表层、枯竭油藏等地层破裂压力梯度低的地质区域进行固井作业时，若水泥柱施加的压力大于地层的破裂压力，固井水泥浆在井内压差的作用下可能会导致地层破裂，侵入井周地层，并引发严重漏失。如果水泥浆在井底不能循环上返，或者在注入后不能很快发挥作用，后期就需要进行二次挤水泥作业，这样会大大提高钻井成本，严重延误生产。在这种情况下，为平衡地层压力，防止地层破裂和随后的循环损失，往往需要使用低密度固井水泥浆，以降低水泥浆的静液柱压力。

低密度水泥浆是由油井水泥、减轻剂、悬浮稳定剂、其他外加剂、水等混合形成的水泥浆体系，其密度是由构成水泥浆的材料决定的。由于各组分的密度与化学性能差异极大，往往容易对低密度水泥浆的性能产生不利影响，具体包括：第一，低密度水泥浆各组分密度和化学性能差异大，导致体系稳定性差，易分层离析，失水量难以控制；第二，浆体中胶凝组分含量低，水泥石强度发展慢、早期强度低；第三，水泥石渗透率高、易腐蚀。在有些高度枯竭的弱胶结地层区域，漏失非常严重，即便是使用价格昂贵的优质微珠低密度水泥浆也难以成功固井。原因在于，水泥浆固相含量不够高，水泥环抵抗油气水窜流的能力不够强。固井作业要求低密度固井水泥浆体系具有较高的固相含量（Solid Volume Fraction，SVF）达 45% 以上。

为了保证环形空间的密封质量，首先要考虑的是如何使环空充满水泥浆。这个充满的过程，就是水泥浆顶替钻井液的过程。水泥浆的顶替应当满足注水泥井段的环空中钻井液全部顶替干净，无窜槽现象，水泥浆的返高必须符合设计要求。

固井环空流体的流变、流动特性是通过影响固井顶替效率进而影响固井质量和固井成功率的主要因素。在固井过程中固井流体通常有三种流动方式：层流、塞流和紊流。不同流体的流态取决于流体的流速、边界条件以及性能，通常采用流体的雷诺数来判断流体的流态。雷诺数（Reynolds Number）是一种用来表征流体流动情况的无量纲数，可以用来判断流体的流态。越小的雷诺数代表流体受黏性的影响越小，越大的则表示流体受惯性的影响越大。当雷诺数很小时，黏性是主要影响因素，压力项主要和黏性力项保持平衡；反之当雷诺数很大时，黏性力项成为次要因素，压力项主要和惯性力项保持平衡。因此，在不同的雷诺数范围内，流体流动状态不同，流体所受阻力也不同。当雷诺数低时，阻力正比于速度、黏度和特征长度；而雷诺数高时，阻力大体上正比于速度平方、密度和特征长度的平方。雷诺数也可以用来判别流体流动的特性，在管流中雷诺数小于 2 300 的流动是层流，雷诺数等于 2 300 ~ 4 000 时为过渡状态，雷诺数大于 4 000 时的流动是紊流。

①层流顶替。层流（Laminar Flow）也被称为片流，是流体的一种流动状态，是指流体颗粒做有序层状的流动。流体在管内低速流动时呈现为层流，流体颗粒沿着与管轴平行的方向作平滑直线运动。流体的流速在管中心处最大，在近壁处最小。管内流体的平均流速与最大流速之比等于 0.5。层流顶替时，流体需遵循牛顿的内摩擦定律，此时能量损耗与流速之间呈现出线性关系，在其中起到主要作用的是黏性特性。层流的雷诺数通常在 100 ~ 2300。层流顶替时径向上层流体颗粒产生的速度大，其流速分布表现为尖峰状，与塞流顶替一样，容易使钻井液出现舌进现象，进一步导致了钻井液和水泥浆的混掺，影响固井质量，甚至导致事故的发生。有效层流顶替的基本原理是利用钻井液和水泥浆的流变性和密度差，避免钻井液和水泥浆之间的混掺，最终实现均匀顶替。但是要更好地实现有效层流顶替，实际的工况应较为理想，需要良好的套管居中度，而且不能存在高黏附力泥饼、井径不规则等现象。

②塞流顶替。塞流也称平推流（Plug Flow），是管道中流体流动速度分布的简单模型之一。在塞流过程中，流体的速度在与管道轴线垂直的任一截面上被假设为一常数，在管道内壁的附近没有边界层，流体颗粒呈直线运动。塞流的雷诺数通常小于 100。塞流顶替时，钻井液和水泥浆都呈塞流状流动，此时流体颗粒呈直线运动且流动剖面处较为平缓，钻井液、水泥浆就不会出现混浆状态，从而可以提高固井水泥浆顶替效率。因此，塞流顶替适用于一些井壁较为疏松或封固段较窄的固井工况。由于塞流顶替受到钻井液流动和变形特性限制，很难形成高流速的流动力，当驱替附着在井壁上的高黏附力泥饼或井壁不规则段时，流体流动力不足，会产生水泥浆的舌进现象，无法将环空内的钻井液及井壁上的钻井液、泥饼等全部顶替干净，进而影响固井顶替效率。

③紊流顶替。紊流（Turbulent Flow）也称湍流，在流体流速很小时，流体分层流动，互不混掺，此时为层流；逐渐增加流速，流体的流线开始出现波状的

摆动，摆动的频率及振幅随流速的增加而增大，此种流况称为过渡流；当流速增加到很大时，流线不再清楚可辨，流场中将产生许多小漩涡，又称为乱流、紊流或扰流。紊流的雷诺数通常大于 3 000。紊流顶替时，流体颗粒相互混合，无运动次序，此时的流动具有耗能性、随机性，即除了黏性耗能外，还有由于紊动产生附加切应力引起的耗能，这是紊流顶替中重要的一部分能耗。与塞流和层流顶替不同，紊流顶替不会出现流速小、排量低等问题，流体的断流面流速分布较为均匀，产生的紊流漩涡在钻井液和水泥浆的交界处可以产生冲蚀作用，有利于驱替高黏性泥饼和窄间隙内的滞留层。对于非均匀井壁，紊流顶替是最合理有效的流态。但达到紊流所需要的压力梯度大，固井注水泥时需要更高的泵压，地层会受到更大的压力，对于地质情况不好或易漏地层，容易压漏地层，造成井漏。总结来说，若地下条件无地层漏泄的情况，则紊流顶替将是较优的选择。

顶替是一个时变过程，顶替效率会随着时间的变化而变化。水泥浆的顶替效率代表环空中水泥浆所占的比例，通常分为体积顶替效率和截面顶替效率。体积顶替效率越低，固井质量越差。由于体积顶替效率无法表示环空截面的具体情况，也无法完全反映环空局部截面上钻井液严重窜槽等情况，所以只用体积顶替效率来表示固井质量是不够的。

在实际水泥浆顶替过程中，存在套管偏心等问题，此时计算出的体积顶替效率较高，但截面顶替效率可能较差。因此，在计算固井水泥浆顶替效率时，需结合水泥浆的体积顶替效率和截面顶替效率进行整体顶替效率的计算分析。

目前国内外在研究固井顶替时采取的数值模拟的算法大致可以划分为如下三类。

①有限体积法。有限体积法是基于欧拉法的宏观尺度算法，是目前 CFD（Computational Fluid Dynamics）领域中最成熟的算法，通过离散空间，将流体区域划分成若干网格（单元控制体），将流体的纳维 - 斯托克斯方程（N-S 方程）在单元控制体内进行积分后离散求解，目前国内外常用的计算流体动力学软件如 Fluent、CFX、Starccm+ 和 Open Foam 等采用的主要就是这种方法。

②粒子法。粒子法是基于拉格朗格法的宏观尺度算法，无须网格，对流体和固体物质本身进行离散。粒子法分为三种：SPH 光滑粒子法、MPS 半隐式运动粒子法、FVP 粒子法。它们的算法原理类似。以 MPS 半隐式运动粒子法为例，该算法是通过求解压力泊松方程获取获得流体的压力场，并通过压力梯度修正预测的流体速度。

③格子玻尔兹曼（LBM）法。相比前两种宏观尺度算法，格子玻尔兹曼法

属于介观尺度算法，通过求解粒子速度分布函数和平衡态分布函数，从而模拟整体流体的流动行为。这种算法目前只应用于基础科研领域，对于大尺度的工程问题计算量太大。

第二节　固井设备的维护使用

一、固井设备的预防与设备故障检验

随着钻井技术的不断发展，深井、超深井、大斜度井和水平井的数量越来越多，固井难度也逐渐加大，对固井技术、工具和设备的要求也越来越高。这些复杂井固井的难点主要在于固井段长度过长、地层压力系数低以及固井过程中易发生井漏风险。

固井设备的维护工作主要分为预防故障与检验故障两大部分，预防工作的主要目的是降低固井设备的故障率，检验工作主要是为了及时排除固井设备故障，恢复设备的正常工作。做好这两部分工作，能有效降低固井设备的故障率以及提高设备故障的维修效率，提高石油的开采效率，进而提高石油产量。

故障检验主要包括无损伤检验技术、红外线测温检验技术与振动检验技术。无损伤检验技术具有不损伤固井设备的优良特点，检验精密仪器故障时常使用无损伤检验技术。无损伤检验技术主要通过对设备的物理数据与化学数据进行检测，不会对设备造成损伤。红外线测温检验技术主要通过红外线扫描机械设备进行温度检测。固井设备在运行过程中会出现发热现象，为了防止温度过高造成设备损伤，设备运行时，每隔一段时间就需要使用红外线测温检验技术对固井设备的温度进行检测。振动检验技术主要通过检测设备运行时的振动波谱与时域特征值来检测设备的故障位置。使用振动检验技术对固井设备进行检验时，可以将固井设备的振动力度与振动频率表现出来，将检验所得数据与正常数据进行比对，判断固井设备的故障位置然后进行维修。加强对固井设备故障预防与故障检测工作的重视，能降低固井设备的故障率并提高固井设备的维修效率。

二、固井设备的日常维护使用

（一）固井设备柴油机的维护与保养

正确的操作和保养是发动机获得最长使用寿命和最大经济效益的关键因素。

制定每日和其他定期的发动机保养计划，并严格按照执行，可使发动机使用维护费用最低，且发动机的使用寿命最长。

（二）固井设备传动系统的维护与保养

固井设备传动系统的维护与保养，主要是为了提高传动箱的使用寿命及避免在固井过程中由于传动箱故障而影响作业。

（三）固井设备油箱存储护养

首先将油箱中残留的防冻液、冷却液等固体进行彻底清理。其次，在固井设备油箱中涂抹一层油箱防腐蚀保护漆，实现油箱内层保护。这一流程的实施实现了油箱"空间清理—油箱固定—油箱保护"三位一体的养护措施，在固井设备做功时，能够达到油箱气体和油体相互调节的效果，保障固井设备的灵活运动。

（四）液压系统的维护与保养

液压系统中取力器属于比较重要的一部分，主要在于做好固井设备各类执行方面的工作。因此，工作人员要注意在发生故障的第一时间检查电磁阀，若不灵敏，则及时修理。若出现异响，必须及时采取紧固措施。定期给助力器机械结构添加润滑剂，使运动阻力显著减少，这是顺畅运行的关键。若油泵传动轴出现变形、断裂或损坏等问题，则导致液压系统功能不正常，传动轴受损后必须及时更换且规范操作，确保在行车前检查离合器，保证离合器处于完全脱开后再行车，冬季使用液压系统时必须进行预热。在工作中必须密切监视油泵工作状态，若发现存在压力不足或过大的问题，必须及时更换密封圈，避免发生泄漏问题；必须在操作过程中留意液压缸温度，若存在温度较高的问题及时给其降温。下灰缸难以动作和搅拌机搅拌难等问题主要在于液压路中存在堵塞的问题，其发生故障时必须加大力度检查液压系统压力，若压力正常则可以排除油泵影响，此时需要检查液压油清洁度。若液压油干净，则可以检查液压阀，确保液压阀处于正常运行状态。

三、固井机的维护使用

固井机是油气田勘探及开采领域必不可少的装备。近年来，随着世界能源勘探的不断深入，在勘探过程中的施工要求及地下条件越来越复杂，这就要求固井设备也要随之不断发展与改进。美国、俄罗斯、加拿大是目前国外能够生产制造成套固井机的主要国家，其生产的成套固井装备可以应用于不同工况下的固井作业，且拥有丰富的产品类型。目前，国外生产的固井装置无论是在单台设备的排量及压力上，还是在设备的稳定性及耐用性上均处于领先地位。现阶段，美国是生产成套固井机的主要国家，掌握着固井机生产设计的大量关键专利技术。20世纪80年代以前，我国固井机大部分仍然依靠整机进口，缺乏独立研制固井设备的能力。在国家政策的支持及鼓励下，1995年，我国自主研制了首台油气田固井机，并由此逐步打破了我国油气田全部使用进口成套固井机的局面。国内生产厂家可以制造的产品包括单机单泵及双机双泵两大类固井机，从运输形式上又可分为拖挂式、撬装以及车载式三种，产品覆盖输出排量从1 300 L/min至4 200 L/min，压力从35 MPa至140 MPa的各类固井机。我国固井机的研制与生产已经从最初的仿制，后来通过引进关键技术的融合发展，直至如今的自主创新。我国研制和生产的固井机已经接近国际先进水平，并在多年的发展中形成了产学研一体化的自主支撑体系。目前，国外厂商生产的固井机在国内固井机应用的占比逐年下降，国产固井机正在逐步替换原有老旧的进口固井机。电驱动固井机也在近年来得到了快速发展，2020年6月28日，具有完全自主知识产权的首台电驱动固井机由中石化石油机械股份有限公司成功研制，打破了国外公司技术垄断。在投入使用后的多次固井工作中，电驱动固井机展现出的稳定的运行状态、良好的固井质量，获得了技术人员的肯定。稳定、可靠、可精准控制排量、性价比高的电驱动固井机成为未来固井设备的发展趋势。

固井工作是油气田勘探及开采过程中最为重要的环节。在油气田勘探及开采钻井工作完成后，为了后续工作的开展需要向井内下入套管，此时套管与井壁并不是紧密接触的，因此固井工作需要利用水泥浆使套管与井壁结合为整体，起到固定套管并防止井壁坍塌的作用。固井过程是油气田勘探及开发过程中最为重要的一环，固井工作不仅需要投入大量的资金，而且油气井的产能以及开采年限直接与固井质量相关联。固井工作的主要步骤为下套管、注水泥、井口安装及套管试压等工作，固井工作中需要多种专业的工程设备配合使用，其中固井机作为不可或缺的设备，为了适应固井工作地点不固定的特点，并提高固井设备运输时的便利性，使用车载平台的方式是最优的选择。

在固井过程中，固井机需要根据工作阶段以及井内深度的不同而改变其输出排量的大小，在循环钻井液时，固井机输出的排量大、压力小，固井机需要的转速高，且循环钻井液时间较短。在剩余的固井工作中，需要通过固井机用隔离液和水泥浆等液体顶替井壁内的钻井液，这样需要的压力会更大，因此在固井过程中大多数时间固井机都运行在较低的转速情况下。

目前固井机的驱动方式仍以传统驱动方式为主，主要包括柴油发动机、变速箱和固井泵等基本部件，这种机械传动的驱动方式会带来相应的问题。首先，柴油发动机、液力变矩器及变速箱的存在直接导致固井装备驱动系统需要的安装空间大且整体重量大，过长的传动链使得整体效率低、日常维护保养工作烦琐等；其次，柴油发动机在运行过程中会产生较大的噪声及振动，并伴有废气产生，污染环境；最后，固井过程中需要的固井泵输出流量范围较宽，而传统的柴油发动机与变速箱的驱动方式难以实现固井泵输出流速平稳变化，进而影响固井质量。

为解决传统固井机存在的上述问题，电驱动固井机逐渐进入大家的视野。同时，随着我国的绿色发展理念的提出，更加清洁高效的勘探及开采被提出，同样为电驱动固井机等电驱油气开采装备的快速发展提供了基础。固井机驱动电机是电驱动固井设备的重要组成部分，相对于柴油发动机驱动的固井机而言，利用永磁电机驱动固井机具有以下优点。

①环保性能更好。随着人类环境保护意识的逐步增强以及国内环境保护法律法规的不断完善，传统柴油发动机运行时的废气排放量需要符合有关法规的要求，而现如今的柴油发动机难以满足相关规定，需要加装尾气处理装置，这将增加固井机的制造成本，当固井设备采用电驱方式时，因其运行时不会产生废气，避免了环境的污染，符合未来的发展趋势。

②维护更加简便。柴油发动机需要定期进行机油、柴油滤芯以及传动皮带的检查与更换等一系列的强制性维护保养工作。以应用较为广泛的卡特发动机为例，其每年大大小小的维护工作就多达35项之多，而在固井机使用永磁电机作为驱动系统之后，可以大大减少维护人员的保养工作，同时还可以有效地节省固井机日常维护的费用。

③提高油气开采效率。对柴油发动机驱动的固井机来说液力变矩器及多挡位减速箱是至关重要的装置，这会造成固井机的传动链过长而降低传动效率，而利用永磁电机驱动固井机时，可以利用永磁电机优异直驱性能来带动固井柱塞泵运行，缩短了传动链，从而可以提高固井机整体的运行效率。

第三节　水平井固井技术现状

水平井固井技术因水泥浆顶替问题等因素影响而与直井有很大的差异，固井成功率低且费用高，长水平段固井更是高难度作业。在水平井技术发展初期，国外采用后期射孔完井的水平井很少，对大斜度井和水平井固井的研究不多。但为了持续发挥水平井的综合经济效益，很多石油公司和专业固井公司开展了技术攻关，已形成了一套提高大斜度井和水平井固井质量的设计和施工新技术，并研制了相关的技术装备。例如，造成大斜度井和水平井固井失败的主要原因是井眼高边出现游离液形成的"水窜槽"和井眼冲洗不彻底造成固相颗粒在井眼低边沉淀形成的"固相窜槽"，同时要改善顶替效率和解决套管居中问题。为此，需要在现场作业中采用特殊的水平井固井工艺和工具，提高大斜度井和水平井固井质量，其主要技术思路是有效控制游离液、有效清除岩屑床、对套管柱扶正和切断可能的窜槽通道。

在"八五"研究成果的基础上，国内水平井固井技术在理论研究和施工技术方面又有了一些拓展和完善，形成了一套较为成熟的水平井固井综合配套技术，例如，通井清洁井眼、调整泥浆性能、套管适当漂浮、管柱合理居中、套管弯曲校核、倒装送入尾管、优化水泥浆配方、优化前置液的性能及注入量、提高泥浆顶替效率、注替动态套管漂浮、固井仿真软件的设计和模拟。实践表明，这些关键技术对保证水平井固井作业质量起了重要的作用。

但水平井固井技术仍存在以下技术难点。

①大斜度井段和水平井段井眼底边常存在固相沉积物，在钻井过程中，常使用高黏切钻井液清除固相沉积物，降低了水泥浆的顶替效率。

②大斜度井段和水平井段井眼常呈现上下宽、左右窄的椭圆形，套管在井眼内的居中度难以控制，容易造成井眼底边水泥环窜槽，影响固井质量。

③水平井作业常采用油基钻井液，不利于水泥浆与井壁和套管壁的胶结，严重影响第二界面的封固质量。

④在下套管的过程中摩阻力要比常规井大，尤其在大斜度井段和水平井段，套管对井壁的侧压力加大，从而增加了水平井下套管摩擦阻力；另外，为了确保水平井套管居中，扶正器安放数量较多，也相对增加了下套管过程中的阻力，致使套管下入过程更为困难，甚至难以顺利下至预定位置。

⑤由于水平井的特殊受力条件，其注水泥工艺和垂直井有所区别。套管、钻井液、水泥浆及前置液等所受重力方向已经不再是轴向而是径向。比重差使得比重较大的固相和浆体总是沉向低侧，易形成岩屑床及指进现象，而轻的浆体总是聚集在井眼上侧，最终导致环空顶替效率低，使环空不能完全被水泥浆充满，从而影响固井质量。

⑥水泥浆在水平状态下，由于重力作用易沿环空上部形成一个水槽带，即出

现游离液窜槽现象。这条水槽带在水平井后期开发过程中，将给分层、分段开采造成极大困难。

⑦水平井电测井径困难，水泥浆的计算缺乏依据，增大了固井风险。

⑧水平井尾管固井施工中，重合段的过流面积小，在选定的排量下，导致泵压偏高，容易憋漏地层，引起复杂事故。

⑨水平井对浮鞋、浮箍密封质量要求高。如果单流阀密封装置失灵，容易造成套管内滞留水泥塞或进行憋压候凝，影响固井界面胶结质量，对于尾管固井施工，易造成尾管固井失败。

⑩水平井固井施工难度大，主要体现在两方面：首先是裸眼大位移井段井斜大，套管下入较困难；其次是受井眼轨迹和排量限制，井眼极易出现键槽和台肩现象，导致岩屑沉积，洗井时岩屑携带困难，容易在固井过程中产生憋高压现象。

第四节　水平井固井关键技术

一、水平井井眼净化

要想保证套管顺利下入井下预定的位置就必须充分做好井眼的净化工作。因此下入套管前必须按照相关规范的要求组织生产，而且进行比较严格的通井作业，并对水平井造斜段、水平井段、阻卡井段分别采取划和冲等相关措施来充分保障水平井相关井段的井眼通畅，在项目实施的过程中，可以结合实际情况采取分段大排量循环与短起下钻相结合的方式来进一步提升井眼的规则性，与此同时，这样做还能对井下堆积的岩屑床形成一定的破坏作用。当钻头下到井底后必须加大钻井液的循环，从而保证振动筛上不能出现沙子，充分保证井下岩屑能够全部被钻井液携带到地面。对于水平井的大斜度以及水平段可以在井眼内下入塑料球，这能有效降低套管在下入过程中的摩阻。

（一）管柱摩阻的原因

管柱摩阻的预测及特征分析对于水平井钻井管柱减阻措施的制定至关重要，根据固井施工情况分析，水平井钻井管柱摩阻产生的原因主要有以下两个方面：一是管柱自身的结构、受力方式及变形形态；二是井眼的几何特征及物理性质。

1. 管柱方面的原因

造成管柱摩阻的管柱方面的原因主要有如下几个。

（1）管柱重力

在斜井段和水平段，管柱自身重力在垂直方向上的分量会直接诱发管柱与井壁间的接触力，进而在管柱运动时引起摩阻。

（2）管柱的弹性回复力

当管柱通过弯曲井段时，管柱自身的弯曲刚度会引起管柱与井壁间的接触力增加，进而导致管柱局部阻力的增加，特别是在弯度较大的井段，这种现象尤为明显。

（3）管柱轴向力

不同时间、不同位置，井下管柱的轴向力经常发生变化，而且这种变化幅度非常大，有时拉力压力之间转换差值会达到百吨，因而局部阻力的变化也会非常大。

（4）管柱屈曲

当管柱所承受的轴向压力超过其屈曲临界载荷时，管柱便会发生屈曲甚至是螺旋屈曲。屈曲会诱发管柱与井壁间的附加接触力，某些情况下屈曲引起的摩阻会成为妨碍管柱正常作业的关键因素。管柱屈曲一般发生在垂直井段、斜直井段和水平井段，也有人认为弯曲井段也会出现管柱屈曲。

（5）井下工具

钻井管柱通常带有扶正器、清砂接头、封隔器、悬挂器等工具，这些工具往往具有外径大、刚度大、重量大等特点，极易造成井下管柱局部阻力的增加，甚至是卡钻。

2. 井眼方面的原因

造成管柱摩阻的井眼方面的原因有如下几个。

（1）井斜

在造斜井段、斜直井段及水平段，管柱的重力分量是导致与井壁间产生接触力的主要因素。

（2）井眼曲率

在弯曲井段，管柱轴向力的增加将直接导致接触力增加，并且井眼曲率越大，管柱越不容易通过。此外，管柱刚度、井下工具等因素也会改变接触方式和接触力大小，使管柱摩阻力计算复杂化。

（3）井眼中的台阶或键槽

地层岩石具有各向异性特征，再加上破岩方式、起下钻、钻井液性能等多方面的因素，裸眼井段往往会出现键槽、台阶等。当管柱接头、扶正器、清砂接头、封隔器等大尺寸工具遇到台阶或键槽时，会直接引起轴向阻力的增加，从而造成阻卡。

（4）井眼缩径

井眼缩径是钻井作业中常出现的复杂情况，缩径会引起管柱阻卡，使管柱无法正常通过。尤其是当带有扶正器、封隔器等大尺寸工具的管柱通过缩径井段时，井眼缩径极易引起卡钻。

（5）岩屑堆积

钻井过程中，当井眼清洁性差、钻井液悬浮岩屑能力差或井壁出现坍塌时，在滑动钻进或下套管过程中很容易出现井眼局部的岩屑堆积，这将极大限制管柱的正常通过，甚至会造成管柱卡死。

（6）摩擦系数

井筒内流体的润滑性、井壁的粗糙度、固相颗粒等因素，控制着管柱与井壁间的摩擦系数，同时也控制着井壁对管柱的吸附性，配伍不佳会导致压差卡钻。

（二）管柱摩阻的控制方法

本节在管柱力学分析的基础上提出了相应的摩阻控制方法。目前常用的有以下几种。

1. 优化井眼轨道设计

合理的井眼轨道设计是控制管柱整体摩阻的前提。

2. 钻井液的设计及添加剂的使用

与水基钻井液相比，油基钻井液往往具有更好的降摩减阻效果，且钻井液的润滑性随油水比的增加而增大。常用的降摩阻添加剂有润滑剂、防磨剂、塑料小球、润滑珠等。

3. 使用清砂接头

施工中，井下岩屑堆积是增加管柱局部摩阻的主要因素之一。实践表明，清砂接头对于降低岩屑堆积概率效果明显。使用时，将清砂接头串联至钻柱中的指定位置，当环空钻井液流过清砂接头时，将产生扫向井壁的径向分流，形成回转液体刷，破坏井壁岩屑床，促使岩屑悬浮，从而提高岩屑返出效率。清砂接头的安装位置及数量要视具体情况而定。

4. 使用滚轮减阻器

滚轮减阻器能够将钻具与井壁或套管间的轴向滑动摩擦转变为滚动摩擦，从而达到降低管柱摩阻的目的。但是，滚轮减阻器的费用昂贵，且工具的疲劳程度难以检测，施工中容易造成落鱼。

5. 定时进行短起下钻作业

施工中，新产生的部分岩屑会粘在井壁上形成局部的岩屑堆积，这严重阻碍了管柱轴向力的传递。而短起下钻作业可以利用钻柱中的大尺寸工具对井壁进行机械性刮拉，这样不仅能够清理井壁上附着的岩屑，还可以对井壁进行修复。但是这种方法只能在一段时间内缓解摩阻过大的问题，随着井深的增加，新钻出的岩屑还是会继续附着在井壁上。

6. 在套管鞋以上井段使用大尺寸钻杆

水平段施工过程中，造斜点附近管柱极易发生螺旋屈曲，而螺旋屈曲会使管柱摩阻整体大幅增加。为应对此类问题，工程师会在上部直井段使用较大尺寸钻具，以增加直井段管柱的螺旋屈曲临界值，从而达到降低管柱整体摩阻的目的。但在实际施工中，甲方通常不允许大尺寸钻杆进入裸眼井段。因此，若造斜点距套管鞋较远，这种方法的实际减阻效果将十分有限。

7. 使用旋转导向钻井系统

使用旋转导向钻井系统进行定向钻井时，由于钻柱旋转，使得管柱轴向运动速度远小于周向运动速度，所以管柱轴向摩阻很小，沿管柱向上，钻柱轴向压力增加很慢。

8. 使用轴向振动工具

轴向振动工具能够产生低频、低幅的连续轴向振动，这可以带动相邻管柱进行轴向振动，将管柱与井壁间原有的静摩擦状态转变为动摩擦状态，从而有效缓解管柱的"托压"问题。除此之外，轴向振动工具还可以有效缓解滑动钻进过程中定向工具面不稳、机械钻速低等问题。但振动工具的安放位置设计以经验为主，缺乏准确性，这极大限制了该类工具的减阻效果。

二、水平井套管下入及居中控制

（一）套管下入

水平井套管下入受种种因素影响，如摩阻、井眼曲率、井眼尺寸、套管尺寸以及套管自身特性等诸多方面。例如，斜直水平井仅仅依靠套管的自身重力不足以下入井底，需要在下套管的过程中施加一定的下压力，但是当施加压力过大时，套管可能会发生正弦屈曲，甚至螺旋屈曲。如果套管发生屈曲，继续下入套管的摩阻就会大大增加，最终可能导致自锁。由此可见，计算套管柱发生屈曲的临界载荷非常必要，结合斜直水平井套管受力形态，建立套管柱弯曲变形计算模型，可以计算出套管发生屈曲的临界值，与大钩载荷相比较，就可以判断屈曲状态。若想顺利完成在弯曲段进行下套管作业，最主要的一点就是保证井身结构设计中的最大井眼曲率在套管的性能允许范围内，即实钻井眼的曲率要小于套管能通过的最大井眼曲率。除井眼曲率外，在水平井段进行钻井作业还需考虑摩阻、井眼尺寸、套管尺寸以及套管自身特性等诸多方面。对于井眼尺寸而言，长曲率半径的造斜井段下套管作业的难度比短曲率半径的造斜井段下套管作业的难度低；对于套管尺寸而言，小直径套管的作业难度比大直径套管的作业难度低。在水平井下套管工作中，使用套管扶正器可以减少下套管时的阻力、提高固井质量。套管扶正器的使用虽在提高固井质量方面作用突出，但使用扶正器会增大套管外径，使套管刚性增加，不易弯曲。那么在扶正器的使用过程中，正面作用及负面作用都需考虑。

在实际工况中，套管会有一定的刚度，在定向井套管下入过程中，套管下入弯曲井段就会随着井眼发生一定的弯曲，这时套管不仅受到重力浮力和摩擦力的影响，还会受到弯曲应力的作用。这种弯曲应力与弯曲井段井眼轨迹的曲率半径相关，曲率半径越小，这种附加力就会越大，因此下入套管就会越困难。在井眼轨迹无法改变的情况下，如果要减小弯曲应力，就只能选取刚度较小的柔性套管。同时，在实际下套管工作中，为了保证固井质量，多会选用不同种类的扶正器随着套管下入井底，这也可能会增大套管的刚性。所以在下套管工作之前，就需要预算套管是否能通过弯曲井段，并且按照预想的井眼轨迹下入井底，可以有效避免在下入过程中发生各种复杂情况，所以对套管或者套管加扶正器的通过能力的研究是非常有必要的。

在套管下入时，对于水平井，需要考虑井眼曲率对于作业的影响。在穿过弯曲井段时套管会发生弯曲，井眼曲率越大，套管的弯曲越大，套管因物理弯曲而产生损坏的可能性就越高。那么，就存在套管关于井眼曲率的通过性问题，即在保证套管绝对可靠的情况下套管所能通过的最大井眼曲率。

在实际作业过程中，弯曲段下入套管会受到轴向力的影响。而由于轴向力的影响，套管的最大可承受弯曲应力也会发生变化。在计算允许套管通过的最大井眼曲率时必须考虑轴向力的影响。若想得到正确的结果，必须首先得到正确的轴向力。在实际钻井作业中实钻井眼的曲率必须要小于套管能通过的最大井眼曲率。在具有大井眼曲率的井身结构设计钻井作业中，必须先计算所选套管可通过的最大井眼曲率，然后和所设计的井身结构对比，理论计算值需大于井筒的实际值。

在实际套管下入工作中，针对定向井，一般都会按照一定密度在套管上安装扶正器，不仅可以保证固井质量，还可以防止套管直接完全接触井壁，降低埋钻卡钻的风险。但是扶正器并不是安装越多越好，如果扶正器安装太密集，就可能增大套管总体刚度，从而可能会导致下套管遇阻，不能通过弯曲井段，为了保证下套工作顺利完成，就需要验证加扶正器的套管在井筒中的通过性。

计算套管通过能力，需要选用刚性套管模型，考虑到井下套管的变形条件是受到绝对受限的，刚性条件下的通过模式通常用于计算以下两种情况：

第一种情况是套管在特定井眼曲率下可以通过的最大不可弯曲长度；

第二种情况是一定尺寸的套管不会变形通过的最大井眼曲率。

①无约束的刚性套管模型。假设套管柱为刚性，未装扶正器，管柱两端与弯曲井段外侧井壁接触，管柱一侧与内侧井壁相切。②两端约束的刚性套管模型。当套管两端安装了扶正器，在假设条件的基础上，假设两端的扶正器与弯曲井段外侧井壁接触。

（二）套管居中控制

井眼内套管的居中度（反映套管在井眼中的偏心情况）对注入水泥浆顶替效率的影响较大。套管居中度较低，会导致井眼下部环空间距小，会出现顶替过程中水泥浆在宽间隙处突进、窄间隙环空滞流的情况，使得水泥浆无法将窄间隙环空中的钻井液顶替干净，严重影响注水泥固井质量，威胁油井安全生产。

套管居中度是井眼中套管轴线与井眼轴线重合程度的表征，由井眼轴线和套管轴线相对位置进行描述。理想状态下套管轴线与井眼轴线重合，套管居中度为100%；套管紧贴井眼下壁，套管轴线偏离井眼轴线距离最远，套管居中度为0。在套管规格及井眼尺寸确定的情况下，套管在井眼中的居中度只取决于套管偏心距。当套管偏心距为0，居中度为100%，套管完全居中；套管存在偏心距时，居中度为 0，套管紧贴井壁。在我国，套管居中度有明确规定。扶正器安放间距应使套管产生的最大偏心距等于或小于套管许可偏心距，通常在扶正器安放间距、安放位置计算时套管最大偏心距取临界值。

不同国家和地区对于套管居中度的标准并不统一。大量现场作业经验和室内试验显示，井眼中套管的居中度要满足注水泥顶替效率，还要综合考虑顶替流体的密度、流变参数、井斜角等因素，这样才能更加科学合理地设计不同工况下满足注水泥顶替效率的套管居中度方案。总之，水平井注水泥固井过程中，保证较高的套管居中度能提高顶替效率。合理安放和使用套管扶正器是提高水平井套管居中度的主要手段。

使用套管扶正器是提升套管居中度的方法之一。套管扶正器的合理规范使用能极大改善井眼中套管的偏心状况，提高注水泥顶替效率。扶正器使用不当会造成套管下入困难、套管形变工具无法下入等问题，甚至会导致井眼报废等重大事故。因此，规范合理地使用扶正器必须根据所钻井眼结构，按照扶正器的性能功效并在满足套管居中度的施工要求下确定其类型和安放间距。

套管扶正器自 20 世纪 30 年代出现以来就成为提高套管在井眼中的居中度的重要辅助工具。经过近百年的发展，套管扶正器已经形成了一定的规模体系，各类样式扶正器已超过几十种，针对不同类别的井型也形成了不同结构不同材质的扶正器使用规范。

在石油行业，套管扶正器被广泛使用，水平井中尤为突出。套管扶正器的合理使用不仅能够有效提高井眼中套管的居中度，提高注水泥提供效率，还能有效降低套管下入过程中的摩擦阻力，避免下入过程中由于套管偏心等所造成的黏卡套管事故，极大地降低套管下入过程中发生事故的风险。套管扶正器分为两个大类：弹性扶正器和刚性扶正器。

①弹性扶正器。利用弹性扶正翼片的弹性形变产生较大的径向扶正力使套管居中。根据弓形扶正翼片的形状和设计角度以及启动方式又可细分为单弓形弹性扶正器、双弓形弹性扶正器、旋流式弹性扶正器和液压可膨胀式弹性扶正器。单弓形弹性扶正器发生弹性形变产生扶正力满足胡克定律，弓高越大，形变范围越大，能产生的扶正力越大。但目前现场使用的单弓形弹性扶正器翼片高度较小，常在直井中使用。双弓形弹性扶正器在单弓形扶正器的基础上将弹性扶正器片设计为双弧形。在弹性扶正翼片中点接触套管壁之前，其扶正效果与单弓形弹性扶正器相同；当弹性扶正翼片中点接触套管后，相当于形成了两个单弓形弹性扶正器，扶正力突增，近似于一个刚性或半刚性扶正器，同时又克服了刚性扶正器不

能在井眼不规则段使用的缺陷。弹性扶正器具有结构简单、生产成本较低的优势，这使其成为固井现场使用最为广泛的扶正器。但其弹簧翼片在提供较大扶正力的同时，也增加了套管的下入阻力。

②刚性扶正器。通过刚性扶正翼片与井眼接触支撑使套管居中。刚性扶正器启动力低、扶正力大，合理使用既能保证套管在井眼内的居中度，又能降低套管的下入难度，广泛应用于大位移井和水平井。刚性扶正器种类较多，包括直条刚性扶正器、螺旋刚性扶正器、滚柱螺旋刚性扶正器等。直条刚性扶正器结构相对简单，主要依靠设计在本体上的直条扶正片与井壁刚性接触产生较大的扶正力使套管居中。其具有较高的刚性，抗拉和抗压强度高。螺旋刚性扶正器的扶正片与轴线设计有一个角度（通常为30°），使其与井壁的接触更加稳固，较直条刚性扶正器更加适用于不规则井眼。同时，在进行注水泥顶替时，水泥浆通过设计有一定角度的扶正片更容易产生紊流顶替效果，能提高注水泥的顶替效率。滚柱螺旋刚性扶正器是在螺旋刚性扶正器基础上，在其扶正片上设计有2～3颗轴承，轴承上装有滚柱，滚柱轴线与本体轴线垂直。滚柱螺旋刚性扶正器在下入过程中，将其他扶正器的面接触、线接触变为点接触，将滑动摩擦变为滚动摩擦，进一步减小了套管下入阻力。其结构特点既能使套管顺利下入，又能让水泥浆产生漩流提高顶替效率。刚性扶正器因自身结构特点，刚性较强，在套管下入过程中容易陷入和削刮井壁，增大套管的下入阻力；刚性扶正器结构固定，在井眼不规则段难以起到套管扶正作用，扶正功能失效（在井眼缩颈处难以通过，下入困难；在井眼扩径段、大肚子井眼，扶正器失效）；同时，刚性扶正器刚性大，造价高。各种因素影响使其应用受到限制。

随着水平井技术在油田开发中的普遍应用，如何确保水平井的固井质量和尽可能地延长水平井的开发寿命显得非常重要。套管柱沿井眼轨迹易弯曲变形，套管的弯曲变形直接影响到套管串的居中度。而完井时的固井质量与套管的居中度密切相关。居中度越差，顶替效率越低，固井质量就越差甚至不合格，因此在固井时为保证固井质量，必须保证套管的居中度，而安放扶正器是保证套管居中的必要手段。在下套管时，套管扶正器安放的距离越小，无疑套管的居中度就越高。但是，套管扶正器加得越密，下套管时工序越复杂，并且越容易造成井下复杂情况。

根据套管的变形情况，合理地确定出扶正器的安放间距，而套管扶正器安放位置的确定，要根据对套管串的力学分析结果来确定。这对于提高套管串的居中度和提高固井质量具有十分重要的意义。

三、水平井油基前置液的顶替技术

水平井固井施工中，前置液的应用是否合理直接关系到环空顶替效率和冲洗效率，甚至影响水泥浆的界面胶结性能和封固质量。

①要求前置液在现场有限的施工排量下能够实现紊流顶替，这将有助于提高环空顶替效率。

②在环空有限的接触时间内能够对井壁和套管壁上滞留的泥饼实施高效冲刷和剥离，这将有助于提高环空冲洗效率。

③要求前置液具有携带加重剂的能力，其密度大于钻井液的密度，小于水泥浆的密度，以便提高压稳程度和驱替效率。

例如，由水化黏土矿物、表面活性剂、高胶质硅酸盐、重晶石和水等材料按一定比例配制而成的前置液，具有紊流临界排量低、冲洗效率高、悬浮稳定性及相容性好等优势，在水平井固井应用中取得了显著的效果。为了确定该前置液的流变模式，用六速旋转黏度计测量其流变数据，并根据流变数据绘制该前置液的剪切应力与剪切速率的关系曲线及流变参数。不同密度的冲洗隔离液均属于宾汉流体模式，并且随着配浆密度的不断变化，塑性黏度和动切力变化不大，说明该体系具有稳定的流变模式。另外，该体系具有较低的塑性黏度和动切力，这将有助于在固井环空注替过程中实现紊流顶替。紊流顶替模式具有驱动力大、顶替效率高、流速剖面整齐等优势，有助于将整个环空的钻井液全部顶替出来。

四、水平井固井水泥浆设计

为了保证水平井固井质量，要求水泥浆具有零析水低失水性、高沉降稳定性、良好的流变性、短稠化时间与短过渡时间，并具有一定的触变性。

①零析水低失水性。在水平段，水泥浆注入井内后，由于重力的作用难以保持原有的稳定性，水泥颗粒易在套管的下部沉淀，水泥浆性能受到破坏，游离液析出，易在高边形成游离液通道。同时套管上侧的水泥浆密度下降，凝固后的水泥石强度降低，渗透率升高，很容易形成油气水通道，导致层间封隔失败。因此，提高水泥浆浆体的稳定性能，降低水泥浆游离液是提高水平井固井质量的关键。水平井固井要求水泥浆达到游离液为零的标准。零游离液的水泥浆，可使水平段环空上端积水带控制到最小。设计时应采用新方法测定游离液：模拟井下条件，满足需要的井下循环温度与压力，倾斜至 45° 状态，静止 2 h 进行游离液的测定；高温高压的水泥浆失水量应控制在小于 40 mL/30 min 的范围内。

②高沉降稳定性。水平井固井中，水泥浆体系的稳定性非常关键，直接关系

到其他各种性能的实现，尤其在大斜度井段和水平段，水泥浆体系不稳定将导致浆体上下密度差较大、顶部强度降低、渗透率增大、无法形成均质的水泥环，导致油气水窜。控制水泥浆产生固相颗粒的沉降，密度差不大于 0.02 g/cm³ 的标准。配制的水泥浆进行垂直状态下的沉降试验，被测定的立方体分上中下测定，静置 2 h 测得密度差不大于 0.02 g/cm³。

③良好的流变性。在常规注水泥施工时，一般采取降低水泥浆的屈服值和胶凝强度来改善流变性能，获得更高的顶替效率。而在进行水平井水泥浆设计时，为了保证水泥浆具有较好的稳定性和驱替能力，一般要求水泥浆具有一定的屈服值，该值通常控制在 15 Pa 左右。

④短稠化时间与短过渡时间。水泥浆应有直角稠化曲线，并要求从凝结到硬化的时间应最短。水泥浆稠化时间过长导致水泥浆胶凝强度发展缓慢，将增大游离液的析出。因此，水泥浆应在保证施工安全的前提下减少水泥浆过渡时间，一般要求在 15 min 以内，追求实现"直角"稠化。

⑤水泥浆应具有一定的触变性。水泥浆浆体触变性是指水泥浆具有搅拌稀释，静止增稠的特性。水泥浆保持一定的触变性可以更好地保证浆体的性能和稳定性，在水泥浆失重的状态下，浆体所形成的结构力可以防止地层流体对浆体的侵蚀。

（一）泡沫水泥固井工艺

固井过程中往往会遇见含水层、盐层或裂缝溶洞发育的薄弱地层。这类地层破裂压力低、易漏失，有的地层甚至无法承受静水柱压力（当量密度 1.0 g/cm³），而常规水泥浆密度一般在 1.82 ～ 1.90 g/cm³，常规水泥固井必然会压裂这些地层，造成大规模漏失，无法满足安全施工要求。

泡沫是由气相和液相混合形成的两相体系，是一种可压缩的体系，泡沫水泥是由固相、气相、含有外加剂的黏稠液相组成的三相可压缩性流体，相比于常规水泥这种不含有气相的单相体系，泡沫水泥具有低密度、高强度、胶结质量好、防气窜能力强等优点，广泛应用于低压易漏失井、长封固井段、稠油热采井等作业中。流变性是研究泡沫在井筒中流动特征的基础，直接影响着最终固井的顶替效率，同时也是设计和优化现场水力参数的重要依据。泡沫的流变性受众多的因素的影响，这些因素包括温度、压力、泡沫质量、泡沫结构（气泡大小、分布、圆度）等。

泡沫水泥的应用起源于建筑行业，有文献的记载可以追溯到 20 世纪 40 年代，但是直到 1979 年，泡沫水泥才第一次成功应用于固井领域，当时是为了封隔从盐层中泄漏的液化石油气，使用了 0.42 ～ 0.50 g/cm³ 的泡沫水泥，取得了良好的效果。这次成功的案例之后，泡沫水泥在油气井固井领域迅速发展起来。

目前，生产泡沫水泥的方法主要有两种：①机械发泡法，把空气和氮气按照一定的比例充入水泥浆中；②化学发泡法，用化学方法提前加入一些发泡剂和稳定剂，通过化学反应，生成稳定的泡沫水泥浆。向水泥浆中充气产生泡沫可以配制出体系稳定的超低密度水泥浆，在降低密度的同时，还能够增强液态水泥浆的可压缩性和凝固水泥环的弹性。可压缩性的增强有助于在水泥过渡时期保持较高的初始静液柱压力以抵御地层孔隙压力，这一点对于控制气窜和浅层水窜非常重要。而较高的弹性则有助于在有外部应力存在的情况下保持水泥环的有效密封性和封隔完整性。泡沫水泥浆具有良好的抗浅层水气窜流的能力，适用于裂缝、高渗透带或低压层段固井。目前除用油井水泥来制备泡沫水泥浆外，还有矿渣泡沫水泥浆体系、铝酸钙泡沫水泥浆体系、高强中空玻璃微珠 + 化学发泡泡沫水泥浆体系、密度为 1.20 ～ 1.25 g/cm³ 的性能良好的抗高温泡沫水泥体系等。使用泡沫水泥可以将水泥浆的密度降低至 1.0 g/cm³，但随着地层压力的增大，泡沫水泥浆密度也会相应增加，所以在井底条件下，泡沫水泥浆的实际密度并不低。此外，值得注意的是，泡沫水泥浆与许多常规水泥外加剂相容性较差，如果气体在水泥浆凝固过程中发生聚结，形成的水泥环会具有高孔隙率性和高渗透性。使用泡沫水泥浆进行固井时，还要考虑额外的人员、设备费用和气体是否易得等问题。

作为一种新型的超低密度水泥浆，泡沫水泥具有低密度、高强度、胶结质量好、防气窜能力强等优势，适用于低压易漏井、长封固井段、稠油热采井等。油田现场配置的泡沫水泥浆密度在 0.42 ～ 1.68 g/cm³ 范围内变化以满足不同的施工要求，可以对低压易漏失地层进行有效封隔而不压裂地层；凝固后的水泥会发生一定程度的膨胀，固井胶结界面质量比常规水泥更好，即使进行压裂等增产作业，水泥环依然可以保持良好的完整性；水泥凝固后，气体在水泥环中形成带压的空腔，维持套管、水泥、地层之间界面良好胶结的同时，可以有效地防止气窜。

作为一种可压缩、热力学不稳定的气液两相体系，泡沫水泥浆在固井过程中由于温度、压力的变化，体系中气相的体积会发生明显变化，导致水泥浆整体的流变性、密度差异很大。泡沫水泥的密度、流变性等性质对固井顶替效率具有很大的影响，因此对泡沫水泥浆固井顶替的研究必须建立在对泡沫流变性与温度、压力、泡沫质量之间关系的深刻认识上。

泡沫水泥是在水泥浆中注入起泡剂、稳泡剂和氮气而形成，相对普通水泥具有如下优势：①在泵送过程中产生较高的动态流动剪切应力，从而提高它对钻井液的驱替能力；②在凝固过程中，随着水泥浆体积收缩、气体增泡持续膨胀，水泥石内部压力在体系过渡阶段几乎能保持恒定，体系能有效地控制气体运移和地层流体的侵入；③具有低压缩强度，在水力压裂作业中，可减少人为增加裂缝的机会。

泡沫水泥固井工艺流程大体可以分为以下步骤：管汇试压、注隔离液、注首浆、注泡沫水泥浆、注尾浆、停泵、倒闸门、压塞、替浆、碰压、检查回流、候凝。

（二）双密度冲洗液、双密度水泥浆固井工艺

使用双密度冲洗液和双密度水泥浆水平井固井新工艺能够提高顶替效率，该方法主要用于不能使用泡沫水泥浆进行紊流顶替的大斜度井中，具体方法如下。

①首先清洗井眼。

②下入带扶正器的生产套管，使套管在井眼中居中。

③向井下套管和井壁间的环空泵入第一种水泥隔离液，注入足够量后，停止注入，让其自动进行压力平衡。冲洗液（隔离液）含氯化钾、氯化钠、氯化钙、氯化锌、溴化钾、溴化钠、溴化钙或溴化锌，室温下密度范围为 $1.0 \sim 1.4$ g/cm^3。

④从环空注入第二种水泥冲洗液，冲洗液含柴油、煤油、一甲苯、氯化钾、氯化钠或氯化钙溶液，密度比第一种小 0.1，在井眼温度条件下环空中两种冲洗液的表观黏度应相差 100×10^{-3} Pa·s。这样，第二种冲洗液就会保持在第一种冲洗液的上方，在第一种冲洗液清洗下部井段时清洗上部井段。

⑤循环足够量后，停止注入，并使两种冲洗液充分进行压力平衡并携带杂质循环清洗井眼。

⑥向环空注入第一种水泥浆，即常规水泥浆密度比冲洗液密度大，水泥浆量应足以充满整个环空。

⑦向环空注入第二种低密度水泥浆或泡沫水泥浆，因此入井后位于第一种水泥浆的上方，填补了第一种水泥浆没有充填的空隙，有效地封隔套管和地层。

通过上述作业，可以在固套管前高效地清除水平井段的钻井残留物。通过使用双密度水泥浆，能有效避免用一种高密度水泥浆固井形成的空隙，从而避免了窜槽，有效封隔油气层。

也可以简化工艺，只使用双密度水泥浆固井。具体方法为：在水平段的上部使用密度低于钻井过程中钻井液密度的低密度水泥浆，可以是泡沫水泥浆或加入低密度小球、锻制氧化硅、飞尘、硼硅酸盐小球或氮气等的水泥浆，常用密度为

$0.96 \sim 1.53 \text{ g/cm}^3$，将顶替井段上部的钻井液，防止井眼上段形成的残余钻井液窜槽；然后再泵入密度较高的水泥浆，该水泥浆将流入套管底部，固结套管底部环空，并有效顶替井眼环空低边的钻井液。

（三）潮汐流顶替固井工艺

在钻遇破裂压力和孔隙压力不同的多层段井时，无论钻穿的是衰竭区还是非衰竭区，大斜度井长井段固井都要求降低当量循环密度、实现合理顶替，这就给施工带来了相当大的难度。研究表明，在进行双密度水泥浆固井时，如保持较低排量，限制井眼宽边的流速，能更好顶替井眼低边的流体。

因此，国外开发了一项固井新技术——低排量高密度差顶替工艺，或称潮汐流顶替固井工艺。为了使密度差达到最大，水泥浆和隔离液黏度应尽可能小。与分级注水泥和扩大井径相比，该技术作业成本更低。但潮汐流顶替固井工艺并不能替代紊流和有效层流顶替，它只是在这两种工艺不适合井筒条件的情况下，作为一种可供选择的固井方法。

第五节 水平井固井质量的提高

一、水平井固井"人"质量的提高

（一）提高固井"人"的综合素质和管理技能

水平井固井要提高管理层的综合素质，采取以下措施进行改进。

①建立培训机制，组织各类管理人员定期进行各类培训以增加专业知识，提升管理综合素质，如组织项目经理进行项目管理知识的培训等；

②实施目标管理制度，事前确定各项工作的目标，运用目标管理推动部门和下属目标的实现，如为技术负责人确定技术交底使施工人员应会尽会的目标等；

③科学合理运用激励手段，为促成项目质量目标，做到奖惩分明，以实现激励的目的，如顺利完成项目质量目标，进行绩效奖励等；

④施工单位派遣经验丰富、专业知识扎实的人员到固井项目进行技术与管理支援。

水平井固井的成本精细化管理水平和管理者的专业素质息息相关，要依据其综合素质来决定适合的岗位。例如，固井公司而言，需要与全国各地优秀的培训机构保持合作，开展成本精细化管理干部培训班，让基层管理者积极参与培训学习，拓宽管理眼界并锻炼成本管理思维，来促进员工深入理解全面预算管理理念，增强成本管理意识，将成本精细化管理的理念在企业内部普及。由于固井工程行业的业务特殊性，所以对本行业财务管理者的专业能力要求较高，财务管理人员应掌握全面的石油工程专业知识，丰富的现场工作经验也是确保固井公司顺利实施成本精细化管理的一大重要因素。针对固井公司各个项目部及下属固井队负责成本核算工作的财务人员而言，应加强其固井专业技能的培训力度，同时增强其成本精细化管理的财务专业知识。另外，每年对新入职的员工实施专业培训时，应培养其树立精细化管理的工作理念，强调质量管理在石油工程生产经营活动中的重要性，并对企业现有的成本管理现状进行详细讲解，使其对本企业的质量管理工作的认识更加充分和细致。

（二）提高固井"人"的专业知识

水平井固井质量的提高还依赖施工人员的专业知识，可采取以下措施进行改进。

①确立工程质量安全管理三级教育上岗制度，即在施工上岗之前需要经过企业教育、项目部教育、班级（组）教育，以明确工程质量管理的工作重点和各工序的施工特点，未经三级教育通过则不得上岗。

②积极开展职工夜校，提高施工人员的专业技能，建立健全施工管理制度，在闲暇时组织对施工人员开展技术培训，并邀请富有经验专业扎实的工程师开展教学，以提高施工人员的技术水平。

③要从严把控各种技术施工交底的环节，操作技术人员要严格地按照施工组织设计执行，技术负责人在方案实施之前，做到交底，且要监督施工人员全员掌握交底的施工方法。

④建立公平的薪酬待遇激励机制，对于施工人员收入的提升可直接激发其工作的热情，制定多劳多得、工作质量与收入挂钩制度，能提升其施工质量。

（三）增强全体员工成本管理意识

成本精细化管理模式的推行和实施，必须让所有员工积极参与。首先主要领导要改变成本管理的理念，从行政中心转移到经营管理中来。为使普通员工养成成本管理的意识，要形成一种良好的成本管理风气。让每一个人都认识到实施成本精细化管理与自己息息相关。实施成本精细化管理也不局限于某一个部门或者个人，它是整个固井工程的发展方针，需要所有人积极参与，所有人努力付出，以此来营造重视成本精细化管理的氛围。

对固井的各个项目部后勤以及其下属的各个固井队而言，相互之间应该加强沟通，合作互帮。为了合理控制成本，首先应该增强全体员工的成本管理意识，大力培养员工节约成本的习惯，只有全员自觉地控制成本，节约支出，才能使成本管理体系持续高效地运转下去。

（四）提高监理人员的职业素养

要提高监理的职业素养，可采取以下措施进行改进。

①为了提高监理人员的业务意识，建设单位在选择监理团队的时候，应充分考虑监理人员的素养、技术水平、社会口碑等因素，选用综合素养较高的监理团队。

②强化监理人员的培训，通过职业道德职业素养的培训，提升监理人员的专业水平。

③建立举报制度，项目部各方对任何不公平、不公开、不诚信的行为都可以进行检举，以便建设、施工、监理等单位及时纠正不正作风。

（五）加强人性化管理

在如今这个经济全球化的背景下，人才是企业可持续发展的新鲜血液。

①由于固井行业的特殊性，很多职工常年在野外驻扎，与家庭常年分居，公司在外应该给予员工一个相对良好的工作生活环境；另外也要关心员工的家庭状况，通过组织帮助其解决一些合理需求，让员工安心地工作。

②完善保障现有的工资福利，充分尊重人才，保障其合理的收入待遇，这样一方面能留住人才，另一方面能促成公司的良好声誉，吸引年轻有为的优秀人才，为企业注入新鲜血液。

二、水平井固井"料"质量的提高

（一）提高固井原材料的质量

①规范原材料采购流程，经过严格的招投标制度，选取有资质的供货方，确保产品证书齐全。

②设立多方联合检验机制，物料进入时，通知有关责任主体联合检验，并提供相应质保资料，把好材料第一关。例如，买水泥，送样人员与质检员都要进行初次检验，合格后施工单位、建设单位、监理单位联合验收，合格并多方签字后方可入库。

③规范原材料的保管，原材料在使用之前，要做到有规划的保管，做好分类、防火、防潮，确保在使用时具备入场时的质量。

（二）规范固井材料管理

①制定材料管理制度，对于材料的进场、保管、取用都要有章可循。

②建立材料管理队伍、材料管理的各个环节都要有明确的责任人，使材料管理更加规范。

③留好过程资料，材料管理的各个环节都要保留好过程性材料，方便查找问题，改正错误，提升质量。

水平井固井质量的提高需要完善材料管理制度，可采取以下措施进行改进：

①学习材料管理制度的方法，编制高效可行的材料管理制度；

②聘请专家根据钻井工程的特点，编制行之有效的材料管理制度。

（三）保障固井物料的成本管理

水平井固井质量的提高还要保障物料的成本管理。固井成本中消耗最大的就是各类物资材料，物资管理的合理有效性对公司成本精细化管理的效果也会有深远的影响。

①对物资的采购价格要严格把控。每年组织一次物资采购的公开招投标，通过各供应商的报价以及对供应商技术能力的分析，选择出性价比最高的供应商为固井作业中的物资提供保障。另外在这一过程中需要不定期地对物资竞标供应商的资质及其产品的质量进行严格审核。

②完善价格信息平台的建立。重视物资市场信息的掌握，并通过互联网平台与实际考察手段的结合利用，来确定对物资市场价格的真实了解。同时还需建立起自己的数据共享库，以便物资采购人员能够对目前的市场价格了然于心。

③加强在物资供应发放环节的管理。物资管理班组需要根据生产计划准确上报物资需求计划，物资管理部门对月度的物资计划进行汇总分析，再实施物资采购，另外在发放环节进行严格的管理与控制，减少物资在发放过程中的损耗。在物资出入库的过程中，固井队的材料员记录每天的消耗情况，并对领用物资的具体数量、种类和规格仔细核对，并要求经办人签字确认。准确掌握实际库存，在满足生产要求的情况下，降低库存积压，减少资金占用，提高经济效益。

④重视对项目物资管理工作进行定期与不定期的考核，以便实现物资管理水平的提升。考核的内容主要涉及超计划采购问题、无计划采购问题以及价格合理

性问题、采购流程问题等。在考核的过程中，对于不达标的问题应采取惩罚措施，对于表现优异的职工应赋予物质和精神奖励。

三、水平井固井"机"质量的提高

（一）提高固井机械的性能

①加强施工固井机械的日常检查、定期维护和日常保养，确保机械性能不受损。

②建立施工机械管理制度，严格按照制度要求安装、操作、拆卸机械，完成施工后按制度要求进行检查、保管。

③严把固井机械进场关，对于性能低、功能不满足要求、质量不合格的机械严禁进场。

（二）充分利用固井先进设备

①进行机械设备管理综合研究，为满足日益变化的科技、管理观念，对现代化机械设施的生产、财务经济状况和管理组织措施等方面开展综合研究，是科学管理好、合理使用好先进设备的条件和保障。

②积极参加机械技术培训，通过聘请优秀机械设备制造商的技师在项目上为机械操作人员进行技术培训，使机械操作人员可以正确地运用新机械设备，提高水平井固井质量。

（三）保证固井设备监测到位

①建立设备全过程监测制度，有明确的设备监测规章制度，在机械设备使用过程中严格监测，及时发现问题改正问题。

②建立设备异常应急预案，当设备出现问题时，第一时间采取措施，使损失降到最低，确保工程质量。

（四）保障固井信息技术的更新与完善

水平井固井质量的提高还要保障信息技术的更新与完善。21世纪以来，互联网技术得到了空前迅猛的进步，信息化管理模式已经成为当今企业的发展趋势。企业必须实时掌握市场的最新信息和最准确的数据，才能使自身掌握竞争的主动权。因此，企业应积极发展高效的信息管理系统，有效地将财务管理模块、生产管理模块、人力资源管理模块连接为一个整体，统筹管理，提高办公效率。

在财务管理模块，固井队以及项目部财务管理人员可以通过财务模块实现财务信息的共享。财务人员通过软件的使用，以总账管理为核心，实现应收管理、资金管理、应付管理、资产管理的有效结合，实现财务数据准确快速录入过账，凭证自动集成，信息有效传递，为经营决策者提供精确的数据支持。

在生产管理模块，生产调度人员可以在系统中根据工作量的预测合理安排固井生产计划，平衡各项原材料、技术服务费、设备租赁以及吊装运输的需求能力，并根据生产的实际变化随时调整，适应各种生产状况，减少突发情况以及沟通不畅带来的工作损失，并通过电子看板的功能，监督生产动态，改正错误。

在人力资源管理模块，充分利用信息技术打破人力资源各个子系统之间割裂的状况，实现组织人事、考勤、薪酬福利、招聘培训、绩效指标5个方面的统筹管控，优化目前的管理工作，让人事管理变得简单化、有效化和科学化，提高工作效率。

信息管理系统可以将各固井队的成本管理情况及时披露，对成本目标执行效果及时反馈，对差异及时分析，让管理决策者对成本管理工作进行实时掌控，在发现问题时可以及时纠错。

四、水平井固井"法"质量的提高

（一）合理安排固井施工步骤

①在施工前必须严格审查施工组织设计，并邀请具有丰富固井施工经验的专家，共同审查施工组织设计中的具体过程，在确定无误后，根据施工组织设计进行施工。

②加强施工技术交底。技术负责人在进行施工技术交底的时候，重点安排交底流程的顺序，形成过程性资料，使施工人员在施工过程中可以及时查询原始资料，从而保证了过程的正确性。

③采取技术人员旁站制度。在固井施工过程中，技术人员要全程旁站，指导施工，保证施工步骤正确，确保施工质量。

（二）落实固井新方法

①建立进修培训制度，组织技术负责人学习最新的施工方法，更新理念，从管理层开始落实新方法。

②建立奖励机制，对在项目中为推动新方法做出贡献的人进行奖励，以激励项目上其他人员落实新方法。

③注重宣传，在项目上宣传新方法、新技术，让项目全部人员在思想上接受新方法，落实新方法。

（三）提高固井细节管理

①编制和执行项目部的精细化管理方案，尤其在对施工方案的细节管理方面，要做到每个环节都有章可循，按制度施工。

②配备专人负责细节资料的记录与整理，同时督促各环节人员重视细节管理。

五、水平井固井"环"质量的提高

（一）提高固井地质环境资料的准确性

①采用地质勘探新方法，如遥感方法、全球定位技术法、数字地质法等，确保地质勘探的准确性。

②做好地质环境详细交底，交接好有关地质的全部资料，在施工前全面细致地掌握地质环境。

③加强过程监测，在固井过程中，随钻随探，确保地质情况在可控范围，出现特殊情况时，及时采取应对措施，避免质量事故的发生。

（二）落实固井现场的安全措施

水平井固井质量的提高还要对现场安全措施做到位，可采取以下措施：

①整改施工现场的保护措施，有安全隐患或需注重生命安全的区域，要设有安全标志和安全防护措施；

②建立三级的安全管理体系，由公司经理和项目经理签订安全技术合同书（一级），由项目经理和技术长签订安全技术合同书（二级），由技术长和施工班组签订安全技术合同书（三级），并严格按照合同书进行安全管理；

③严格落实安全技术交底制度，使现场人员具备安全意识，掌握安全措施后方可作业。

（三）做好固井现场的卫生维护工作

水平井固井质量的提高还要做好现场卫生维护工作，可采取以下措施：

①制定施工现场卫生管理制度，专人专区专事，保证施工现场卫生；

②对作业人员提出要求，围绕日清原则，每日人走场清，人人参与到施工现场卫生维护工作中来。

第六章　水平井射孔技术

水平井射孔是整个水平井钻井过程中最重要的作业项目，射孔最主要的目的是建立油气进入井筒的通道，为最大限度降低作业成本、增加油气产能，射孔工艺不断朝着高孔密、大药量、深穿透等方向发展。本章分为射孔器及配套装置、水平井射孔关键技术、水平井射孔技术的应用三部分。

第一节　射孔器及配套装置

一、射孔器

射孔器是用于油气井射孔的器材及其配套件的组合体，常用的射孔器有射孔弹、传爆装置、射孔枪、起爆装置等。经过长时间的发展，我国的射孔器已经取得了巨大进步，形成了不同结构、不同种类以及适用于不同工况的射孔器，而射孔器的综合性能也会直接影响到射孔作业的效果、地层的破坏程度及储层产能的高低。总体来看，射孔器根据结构分为有枪身射孔器和无枪身射孔器两种。

（一）有枪身射孔器

有枪身射孔器是由弹架、定位环、密闭钢管、扶正杆、射孔弹、起爆及传爆装置和密封圈等构成的组合体。

目前国内有多种多样的有枪身射孔器，外径从 43 mm 到 178 mm 不等，常用的外径尺寸有 73 mm、86 mm、89 mm、96 mm、114 mm、127 mm 等。为了能够适应各种实际地层的需要，现在常用的有枪身射孔器大致分为三类：深穿透射孔器、大孔径射孔器和高孔密射孔器。

1. 深穿透射孔器

在一些低渗透率、低孔隙度和高致密油层的射孔作业时，为了大幅度提高油气井产能并降低由地层污染对油气井产生的危害，一般采用深穿透射孔器进行射孔作业，深穿透射孔器是和深穿透射孔弹相配合使用的，射孔后的穿孔深度较长，能够使地层和井筒之间的通路增长。目前国内已经形成 51～178 型系列的深穿透射孔器，能够满足各种井径射孔的实际需要。

2. 大孔径射孔器

大孔径射孔器是指射孔孔径大于等于 14.0 mm 的射孔器，随着射孔孔径增大，油气流动截面积就会随之增大，油气向井筒内流动的阻力降低，因此可以增强油气往井筒流通的能力。大孔径射孔器常应用于稠油油层和含砂油层的射孔作业，现在常使用到的大孔径射孔器的穿孔直径从 14.0 mm 到 27.2 mm 不等。

3. 高孔密射孔器

高孔密射孔器是以追求高孔密为主要目的射孔器，射孔孔密通常大于 20 孔 / m。高孔密射孔器可以降低液体的流动速度，增大井筒泄流面积，减少流体的携砂能力，能够有效防砂、增产。

由于高孔密射孔器枪体内装有几十枚射孔弹，在射孔弹引爆以后会释放巨大的冲击载荷作用于射孔枪上，因此在高孔密射孔器枪身设计时要考虑枪身、枪尾、枪头之间的联结螺纹强度以及枪身的强度。

（二）无枪身射孔器

无枪身射孔器是由非密封钢管或者金属弹架、封管、无枪身射孔弹、点火头、起爆传爆装置和连接板等部件构成的组合体。无枪身射孔器具有体积小、重量轻、操作简单的优点，射孔后对油气层的破坏作用较小。

无枪身射孔器根据相位角的不同，可以分为螺旋型无枪身射孔器和平板型无枪身射孔器。螺旋型无枪身射孔器有 30°、36°、40° 等多种相位角，而平板型无枪身射孔器的相位角为 0°。

无枪身射孔器按照材料的差异，可以分为低碎屑无枪身射孔器和非低碎屑无枪身射孔器。无枪身射孔器的射孔孔密一般为 13 孔 /m、16 孔 /m、20 孔 /m 等。

射孔器性能的优劣对射孔作业的效果以及射孔结束后井下环境的破坏和影响程度有着决定性作用，而射孔器的性能往往通过射孔枪变形、穿孔性能和套管损伤程度等因素进行判定。射孔枪、枪尾、枪头、传爆索、导爆索等主要部件的性能也会对射孔器的基本性能起着至关重要的作用。

以射孔枪为例，目前射孔枪的损坏形式大致可以分为两类：一类是过量的塑形变形，在实际的射孔作业时，射孔枪受到的冲击载荷高于枪体材料的屈服极限时，射孔枪就会出现破坏，影响射孔枪的正常使用，当射孔枪的变形程度过大时，枪体甚至会卡在井筒内；另一类是枪体的整体断裂，当冲击载荷达到一定程度时，冲击力大于枪体所承受的极限数值时，就会导致射孔枪的整体断裂，射孔枪体断裂以后，会对水泥环和套管产生损坏，影响射孔施工的正常开展。

二、射孔弹

射孔弹是聚能效应的一种实际运用，是一种区别于传统柱形装药的特殊装药结构，该结构能够大大提升炸药的局部作用。起爆后，爆轰产物向前开始传播，到达聚能槽后，爆轰产物向外传播时会偏离原来的轨道，发生一种特殊的折射现象，爆轰产物的大部分能量向中间集聚，局限在很小的范围内并继续向前传播，形成了一股高压高能的气流，成为聚能射流。其在射流方向上的猛度，远大于其他方向。后来又在这种特殊装药结构的表面覆盖了一层很薄的药型罩，不但保留下来了这种特殊的物理特性，破坏效应还成倍增长。

石油和天然气储集层是一种具有连通孔隙、允许油气储存和滤渗的岩层，该层内有大量碳酸盐、黏土和水化学沉积岩石。如何将储集层与地面贯通是油气井勘探与生产的关键环节。这个环节主要是用大型钻探设备与射孔弹共同完成的，钻头由地面向下钻孔，连通储集层与地面，再通过射孔弹点火射孔，在周围岩层中制造出油气通行的孔洞与裂隙。随着我国数十年来石油工业的高速发展，石油射孔弹技术也越发成熟，产品性能大幅度提高，各个系列平衡发展，逐步填补了国内空白，形成了深穿透射孔弹、大孔径射孔弹、无枪身射孔弹等系列，基本满足了我国各大油田的需要。

我国从 20 世纪中期才开始研究射孔弹，但当时生产技术落后，相关科研人员短缺，发展缓慢，一直到 80 年代才开始加速发展。目前国内油气井一般采用收敛形和圆柱形结构。收敛形结构紧凑空间使用率高、质量轻巧、装药少、炸药利用率高、对孔洞周围物质破坏小，但其穿孔深度不够理想；圆柱形结构穿孔深度较深且稳定，但质量大，炸药多，对周围物质破坏作用大，不利于有限空间内作业，所以国内大多采用收敛形。隔板结构能够在装药高度受限和口径较大时提高射孔弹 20% 的穿深，大大缓解了收敛形穿深不足的缺点。但从长远来看，射孔弹的发展方向是高穿深、高孔密、大孔径、无污染，但在装药结构上几乎无法解决，我们只能将目标转向石油射孔弹威力的主要体现部件——药型罩。因此国内学者对药型罩的材料、形状、锥角、壁厚等方面展开了探究，利用数值模拟手段对射孔弹进行了优化设计。传统的金属药型罩通过旋压而成，杵堵大大影响了通透性。为解决这一问题，粉末药型罩应运而生，对穿深、孔径、杵堵率等常规技术指标有极大影响。目前，我国绝大部分药型罩都采用此种工艺，具有很大的发展前景。

国外在射孔弹技术上发展比我国要早，技术工艺也更加完善。早在 20 世纪中期，国外学者就已经开始对大孔径射孔弹进行研究，并很快就运用到了石油工业中。石油作为工业血液得到了快速发展，无论是开采理论和配套工艺都趋向成熟，射孔弹作为至关重要的一环，也得到了长足的进步，逐步形成了多个系列，基本上能够满足油气井的各种技术要求。美国哈里佰顿公司射流研究中心（JRC）研制的大孔径射孔弹装药量可达 60 多 g，且能做到每米 40 孔的高孔密射孔。这种射孔弹很好地解决了弹间干扰，已经完全实现了计算机模拟设计，且已拥有并提供了十余种材料的状态方程与本构关系，大大节省了后来者的实验和研究成本，在一定程度上推动了射孔弹行业的快速发展。在药型罩改良上，研究人员通过烧结金属粉末制成粉末药型罩，大大简化了工艺，降低了成本，但是其表面粗糙，保持形状困难，稳定性差。为了解决这些问题，研究人员又设计了一种免烧结粉末药型罩。该药型罩质量稳定，重复性好，便于工业规模化生产，且也保持了原有的优点，基本奠定了现代射孔弹药型罩的工艺雏形。目前，研究人员更多的是通过使用不同金属或非金属粉末，或改进粉末配方来继续提高其相关性能指标。

射孔工艺发展到今天，油气开采技术发展越来越完善，各种方法层出不穷，从原先的单一射孔弹射孔技术到现在的复合射孔、高能气体压裂、带壳压裂弹、电脉冲、水力震荡等多种技术协同发展，每种技术都有不同的用武之地。现在的油气开采也越来越深，由陆地延伸到了海洋，环境越来越复杂多变，因此综合性地使用各种工艺才是以后发展的趋势。

射孔弹是以炸药提供动力并且能够产生聚能效应的爆炸工具。在射孔弹引爆后，爆轰波会将炸药前方的药型罩压垮，由于爆炸力的对称冲击作用，药型罩中的金属熔化并且在中轴线处汇聚，产生极大的能量密度，汇聚形成高速运动的金属射流。金属射流的速度具有不均匀性，会使整个射流长度不断地拉伸变长。金属射流具有极强的侵彻破坏性能，能够快速侵彻套管、水泥环和部分地层。

在射孔弹设计时要充分考虑几个主要的技术指标，如耐压、耐温、孔径、装药量、穿深等，这些技术指标之间是相互制约的，所以在射孔弹设计之前要对油气井的实际地质条件和射孔技术进行考察，在此基础上对射孔弹进行合理设计，新设计的射孔弹要经过多次试验，并且对药型罩、壳体和装药结构等部件进行修改，直到满足实际施工需要为止。射孔弹根据使用方式和结构可分为有枪身射孔弹和无枪身射孔弹。有枪身射孔弹指的是装在密闭且能够承受外压的射孔枪内的射孔弹，射孔弹不会直接和射孔液接触，受到射孔枪的保护，不会承受外压，自身没有密封系统，在没有装入射孔枪时，可以直接观察到射孔弹的结构和内腔的形状颜色。无枪身射孔弹是自身具有密封系统且可以承受外部压力的射孔弹，设计时应该保证外形尽量光滑，能够使相配套的射孔器顺利下井，与射孔液接触的部分需要具有一定强度，并且可以承受一定外压。相较于有枪身射孔弹来说，无枪身射孔弹对套管的损伤程度更大。

在小直径井筒射孔作业中，无枪身射孔弹相较于有枪身射孔弹有更高的空间利用率，无枪身射孔弹单发装药量更多，因此在小直径射孔作业中无枪身射孔弹更有优势。但是当不限制井径大小时，有枪身射孔弹比无枪身射孔弹更易起爆，且穿深性能更好，此时要选用有枪身射孔弹。

（一）射孔弹结构

聚能射孔弹由药型罩、炸药和壳体构成。射孔弹的穿孔深度和穿孔直径是由射孔弹结构决定的，而射孔弹结构又取决于药型罩、炸药和壳体的性能参数。药型罩在炸药爆轰波的作用下形成金属射流对套管、水泥环和地层进行侵彻，而药型罩的形状、锥角大小、材料参数和壁厚又会影响金属射流的密度、长度和速度，因此就会影响射孔孔道的长度；壳体的结构会决定射孔弹的装药形状和炸药的能量分布情况，影响着炸药的爆炸作用场，炸药释放的爆轰波其中一部分被射孔弹吸收和作用于壳体的变形。

1. 药型罩

药型罩是实现射孔弹侵彻作用的核心部件。药型罩一般由金属粉末材料构成，主要为紫铜、铝、锌等，粉末有金属单质也有合金形式，金属粉末的特性很大程度上决定着药型罩形成射流的效果。药型罩的外形构造决定了射孔弹的类型，因此药型罩的结构设计是射孔弹设计过程的关键步骤，结构的好坏直接决定着射孔弹的穿深性能。而且药型罩的形状还会决定射流的形状，因此在药型罩设计时要综合考虑多个参数，如口径、壁厚、锥角和顶部形状等。

药型罩的结构，一方面要根据实际的油气井射孔要求设计，由穿深和孔径等设计出相应射流形态的药型罩；另一方面要根据工厂生产药型罩的加工水平进行设计加工，针对实际模具加工能力、生产成本要求、工艺设备水平和批量生产能力等。根据实际射孔弹使用性能要求可以将药型罩结构分为深穿透射孔弹药型罩和大孔径射孔弹药型罩两类。

深穿透射孔弹药型罩的锥角一般在38°～52°，厚度在0.8～2.5 mm，为了使炸药和药型罩之间更好地相互作用，在壳体和药型罩接触的区域要涂抹一定量的胶，保证炸药爆炸后释放的能量最大化地传递给药型罩，更好地实现穿深性能。

大孔径射孔弹药型罩的厚度一般在0.6～1.5 mm，顶部锥角通常在90°～120°，壁厚差一般控制在0.05～0.07 mm。药型罩的结构一般设计成半球接锥角形、抛物线形或半球形。大孔径射孔弹药型罩可以有效解决射孔弹的杆堵问题。

除了炸药装药的选择、运用条件以及制备工艺之外，药型罩材料也是影响射流性能的重要因素。当前对药型罩材料的研究热点主要是材料的密度和特性对药型罩的性能参数以及成型机理的影响，目前研究的主要材料类型包括单一材料和复合材料，其中单一材料主要包括单质金属材料和非金属材料，复合材料主要包括金属/金属复合材料以及金属/非金属复合材料。随着装甲防护技术的发展，药型罩材料的选择从金属材料向非金属材料过渡，又由单一材料向复合材料等新兴材料发展，最终是为了对侵彻目标实现侵彻深度、扩孔直径以及射流稳定性的最佳组合。

①单一材料药型罩。目前，单一材料药型罩包括金属单一材料药型罩和非金属单一材料药型罩，其中金属单一材料药型罩使用较多，主要包括铜（Cu）、钽（Ta）、钼（Mo）、钛（Ti）等金属，这些材料具有密度高、延展性好、动态特性稳定等特点，形成的金属射流动能大，射流长且稳定，可以有效地对既定目标进行毁伤破坏。一般而言，密度较高的单质金属由于形成的侵彻体密度大，侵彻靶板时可获得较高的侵彻深度，因此常用来制成药型罩侵彻高强度混凝土，铁（Fe）、铝（Al）、钛三种射流对靶板的开孔直径强于铜射流，但是破甲深度的优势不明显，其中，钛射流对靶板形成的孔径最大，但是破甲深度最小，钛射流有着显著的扩孔优势，铜射流侵彻靶板的深度最大，铁、铝射流性能居中。而钽由于其自身的材料特性优势，使得其对靶板的侵彻深度比纯铜提高了27%～30%，是制造爆炸成型弹丸的首选材料。对于纯钽而言，药型罩成型形状随药型罩外曲率半径变化较为敏感。不同于钽的使用状况，钼由于具有高声速和高密度，是制造破甲药型罩的最佳材料。相同条件下，钼药型罩形成的射流形态以及特征参数性能均优于铜药型罩；偏心亚半球形装药结构所形成的杆式侵彻体的长度、速度、直径以及药型罩利用率均大于锥形钼罩。除了这些单质金属外，还有一些无机非金属以及高聚物材料，如陶瓷、玻璃、尼龙、聚四氟乙烯等低密度材料均可用作药型罩。

②复合材料药型罩。对于复合材料药型罩的研究主要分为三类，分别为金属/金属合金药型罩，金属/非金属复合材料药型罩、非金属/非金属复合材料药型罩。对于金属/金属合金药型罩而言，钨铜（W-Cu）、铝铜（Al-Cu）以及钼铜（Mo-Cu）合金材料是最近几年的研究热点。W-Cu 合金药型罩既具有钨的高密度又具有铜良好的延展性，其对靶板的侵彻特性比纯铜药型罩提高了20%～52%。因为铝有着较活跃的化学性质，镍铝（Ni-Al）药型罩形成的射流对目标的侵彻兼具了传统射流的动能侵彻作用和化学反应特性，显著地强化了战斗部的破甲杀伤威力。关于金属与非金属复合材料药型罩的研究主要分为两种：一是低密度活性复合材料药型罩，对于金属/非金属的活性材料药型罩而言，其不但具有原先的侵彻作用，还兼有燃烧、爆轰、放热等后效作用，进一步强化了弹药对目标的毁伤模式；二是低密度惰性复合材料药型罩，目前关于低密度惰性复合材料药型罩的研究重点是通过金属与非金属之间力学特性的相互弥补，从而实现两种材料优势的最大化使用。

2. 炸药

炸药能为射孔弹侵彻穿孔提供能量。射孔弹炸药选择时应该充分考虑炸药的成型性、松装密度、流动性、耐温性和粒度分配等参数。随着射孔技术的不断发展，射孔枪内安装的射孔弹也由最开始使用的子弹发展为现在被广泛采用的聚能射孔弹。射孔弹采用的炸药属于二类炸药，一般按照耐温能力分为三种类型：常温型炸药 RDX（黑索金）、高温型炸药 HMX（奥克托金）以及超高温型炸药 PYX（二硝基吡啶）。不同类型的射孔弹炸药性能各不相同，其爆炸产生的能量、爆炸时的压力以及爆炸的速度各不相同。现场选用炸药时需要根据实际需求，选择不同工作温度、不同性能的炸药作为射孔弹装药。

射孔弹炸药的爆炸需要通过引燃导爆索，采用的引爆炸药与射孔弹药为同种类型，但其灵敏度较高，更易于引爆。射孔弹被引爆后压垮药型罩，形成聚能效应产生高速金属射流通过射孔枪盲孔依次射穿套管、水泥及地层。射孔弹的结构、装药类型以及装药量直接决定了射孔效果，进而影响油气产能。

对于较为猛烈的炸药而言，大约50%的能量以冲击波的形式向外释放，冲击波的破坏起着决定性的作用。井下射孔爆炸也是如此，由于狭长密闭空间边界条件的限制，气泡脉动引起的附加破坏作用非常有限。同时，井下工具的安装位置与射孔段的距离较远，一般远大于气泡的最大半径，故其受到的冲击破坏主要来自冲击波，此处将气泡脉动影响忽略不计。

　　射孔冲击波形成所需的能量主要来自射孔炸药爆炸释放到井筒内的能量，这部分能量也被称为射孔残余能量。聚能射孔弹，最大射孔孔径可达 20 mm，穿透深度超过 1 m，因其强穿透性、能量集中等优良性能，被广泛应用于现场射孔作业中。

3. 壳体

　　射孔弹壳体能够确定装药结构、减轻爆轰波入侵，会对射孔爆炸作用场产生直接影响，射孔弹爆炸以后释放的能量分别消耗于壳体的破碎变形和破片的飞散以及作用于药型罩的侵彻效应，壳体的外部构造和材料特性会对爆轰波的形成和传播产生较大影响。

（二）射孔作业

　　射孔作业是指借助射孔弹爆炸产生的高温高压及爆轰产物（高温高压气体等）压迫射孔弹药型罩形成金属射流，高压高速射流穿透射孔枪盲孔、套管和水泥环，直至在地层中形成一定穿深，即形成油气藏渗透进入油气井的孔道，同时对地层造成一定距离的穿透深度。射孔作业可以有效沟通油气井与地层，射孔形成孔道可以连接沟通地层中的天然裂缝，达到增加单口井油气产量的目的。射孔弹井下爆炸产生的巨大能量，一方面形成射流穿透岩层沟通裂缝提高油气产量，另一方面释放在井下管柱及井内工作环境中，在形成直接冲击波的同时，爆轰产物在工作液中形成大量气泡引起工作液压力脉动变化，迫使管柱及工作液发生振动，从而造成射孔作业的危险性、易破坏性。

　　射孔作业时，射孔弹在点火瞬间爆炸，射孔弹爆炸后的爆轰产物包括射流在内还存在弹壳碎片及爆生气体。在起爆点爆轰形成时开始，射孔弹壳抛洒、炸药压迫药型罩形成射流、初段射流成型接触射孔枪内壁开始侵彻、爆生气体开始膨胀等变化步骤依次进行。因该过程复杂，分析难度相当大且全部发生在射孔枪内部，故对工作环境影响较小。射孔弹在起爆点起爆后，爆轰产物及爆生高温高压气体迫使压缩工作液沿着远离起爆点的方向进行运动。爆炸初期推动工作液产生压缩波同时远离起爆点，此为工作液中测量点的第一次峰值压力。在该变化阶段，爆生高温压气体推动射孔弹四周工作液产生大量高压气泡从而产生强烈震荡，在连续的液体环境中继续传播推动邻近液体，进而形成压力脉动现象，对射孔作业段的安全性构成威胁。当推动工作液体形成的压缩波在射孔作业段的管柱环境中运动时，在自由边界自由传播，在刚性边界发生反射，封隔器、油管套管壁面及人工井底等作为起封堵作用的元件即被视为刚性界面。压缩波在由封隔器、人工井底、油管套管壁面形成的 U 形空间内运动往复，反射形成的冲击波峰之间同向叠加压力变大，反向相抵压力变小，初波峰前方工作液密度变大，波峰后方工作液密度变小。故而测量点的压力、速度、密度等参数发生变化。由于井壁与工作液体之间存在沿程摩擦阻力作用，因而随时间步进，冲击波逐渐衰减直至工作液保持平静。至此，我们认为射孔弹的能量在形成金属射流以外的部分耗散完毕，该部分引起的工作液压力脉动全部结束。

在实际射流作业中，射孔弹引爆以后，释放的爆轰波会在射孔弹壳体内多次发射，当爆轰波的能量降低到较小程度时，对药型罩的压均作用就会停止。在整个过程中，壳体会经历先急速膨胀，再塑性变形，最后变成金属碎片的过程。

在实际生产制造射孔弹时，要先将炸药放入模具内进行预压成型，再将炸药、壳体和药型罩组装成射孔弹，但是随着加工技术的进步，射孔弹的组装方法更多采用的是一次合压成型工艺，这种工艺是将炸药、壳体和药型罩三者一起压制成完整的射孔弹。

目前常用的射孔弹加工工艺有三种，分别是人工装卸模具生产工艺、半自动合压生产工艺和全自动生产工艺。在高孔密射孔条件下射孔时，受射孔弹结构和相邻射孔弹间隔距离的影响，相邻的射孔弹之间会存在一定的干扰作用，可能导致应力的叠加增强或者相互抵消减弱。

三、起爆装置、传爆管及导爆索

射孔弹的分布形式和数量直接影响着油气井产能的大小，现场不同的完井工艺类型对射孔弹的要求各不相同，例如，常规完井工艺需要大穿透深度及高射孔密度；防砂完井工艺却需要大射孔孔径及高射孔密度；酸化压裂完井工艺则需要低射孔相位及高射孔密度。由此可见，高射孔密度在现场不同射孔完井工艺中得到了广泛应用，这也就意味着井筒内射孔段的空间中会产生较大的爆炸冲击载荷。射孔段作为爆炸载荷的输出源头，其纵向截面主要由炸药、射孔枪管壁、环空射孔液及套管内壁面构成，当射孔炸药引爆后，产生的射孔冲击波会在井筒内各个界面处来回发生传播。

射孔爆炸是一个包含急剧物理变化及化学反应的极其复杂的过程。首先，装满炸药的射孔弹被引爆后在射孔枪管内发生爆炸，这本质上是一种剧烈的化学反应，爆炸瞬间将化学能转化为冲击波波能和爆轰产物内能，产生的爆轰产物处于高温高压状态，并迅速膨胀形成较为稳定的冲击波，称为爆轰波。爆轰波在还未爆炸的炸药中层层传递，其稳定的传播速度可达千米每秒，强烈冲击使得未反应的炸药区域继续产生爆炸。因此，爆轰波是具有化学反应的一种强冲击波，与冲击波有相同的性质，同时又有不同的性质，爆轰波在传递过程中由于不断有爆炸化学能量产生而不发生衰减。

就射孔爆炸过程而言，射孔枪内的爆炸过程可以认为是产生爆轰波的过程。当爆轰波通过射孔枪管壁圆孔进入环空射孔液时，由于边界条件发生变化，流体中冲击波压力会有所降低，作用时间有所增加。整个过程为冲击波与射孔液相互作用的过程，涉及流体中冲击波传播问题，冲击波会在井筒内不同界面处来回发生反射和透射等现象，这样就构成了射孔工况下井筒流体动力学。

相比而言，井内液体密度要比爆轰气体大的多，而且不易被压缩。射孔爆炸瞬间射孔枪与环空静液压力形成的压差会导致井内液体产生较大波动，形成的压力波在井筒空间内来回反复向不同方向传播。

（一）起爆装置

起爆装置是射孔作业序列的源头，它由若干火工品组成。起爆装置的可靠性和安全性是产品开发和研制过程中必须考虑的问题，常用的起爆装置可以分为电起爆器材和非电起爆器材。

电起爆器材具有重量轻、尺寸小、使用方便等优点，缺陷则是易受静电、杂电流以及射频的影响，容易产生误起爆，这种起爆器材常用于有电缆射孔作业。电起爆器材包括电磁雷管、机械压力式电起爆器和安全电起爆装置。

非电起爆器材常被应用于油管输送式射孔，能够节约费用、缩短完井时间。非电起爆器材包括机械撞击式起爆器材、压力激发式起爆器、安全起爆装置和环空加压起爆器材。

（二）传爆管

传爆管是油气井施工过程中常用的火工原件之一。每个油气井的实际状况不一样，需要的管串结构也不同，地面上每根管柱相互独立，下井时需要将各个枪串连接在一起，但是为了保证一次点火以后，整个管串起爆，就需要用传爆管将枪和枪串接在一起进行传爆。因此，传爆管的可靠性就显得至关重要。

传爆管一般由铝制外壳、铜质上盖和药剂组成，传爆管要求输出的压力足够大。在实际射孔作业中，管串接收上节导爆索传递过来的爆轰波在传爆管爆轰后，爆轰波在空气隔板处衰减，此时形成的冲击波传递到另一处传爆管，并且爆轰波在此处传爆管放大，将爆轰波传递到另一管串处。一般来说，管串相连接的传爆管叫作主发传爆管或者施主传爆管，与另一管串相连接的传爆管叫作被发传爆管或者受主传爆管。

（三）导爆索

导爆索是射孔作业过程中用来传递爆轰波的火工品，内部装高能炸药。导爆索需要依靠别的起爆器材引爆，能够将释放的爆轰能传递给相连的炸药或者是导爆索，广泛应用于同时起爆多发炸药。使用安全、简单，不易受到其他杂散电流和静电的干扰，导爆索常应用于聚能射孔作业。

油气井常用的导爆索可以按产品的使用温度进行分类，分别为常温级导爆索、高温级导爆索和超高温级导爆索，而且各个导爆索又有常规爆速、高爆速和超高爆速之分。具体的油气井导爆索爆速参数表见表 6-1。

表 6-1　油气井导爆索爆速参数

产品型号	常规爆速 / (m/s)	高爆速 / (m/s)	超高爆速 / (m/s)
常温级导爆索	≥ 7 000	≥ 7 400	—
高温级导爆索	≥ 7 000	≥ 7 400	≥ 7 800
超高温级导爆索	≥ 6 000		—

第二节　水平井射孔关键技术

一、水力喷砂射孔技术

水力喷砂射孔技术是石油开采领域的一种新型的现代化射孔作业方式，其利用混砂装置将混有固相颗粒的高速流体冲击待射孔的套管表面，对套管的壁面形成冲蚀成孔的技术。相比于常规的火药射孔技术，水力喷砂射孔技术具有定位准确、射孔深度更深、完成射孔后对工具其他部位无损伤的特点，且水力喷砂射孔技术更加清洁高效。国内外各大油气田对其进行了研究，经过大量的油气田生产试验，水力喷砂射孔技术能有效改造地层，提高储油层近井地带的渗透性。

水力喷砂射孔技术的原理是通过地面泵组将射孔液送入井下后，经过水力喷砂射孔增压器加压，加压后的高压流体经过文丘里管混砂器形成高速磨料射流，冲击套管内壁、水泥环以及岩石，在井筒与储层之间形成具有一定深度、一定直径的孔眼油气通道。水力喷砂射孔过程中，磨料水射流对套管和水泥环的作用属于冲蚀作用。

水力喷砂射孔技术是一种新型的现代化射孔作业方式，经过多位专家学者的研究与改进，其适用性变得越来越强。相较于传统射孔技术，水力喷砂射孔技术的优势也越来越明显。

①水力喷砂射孔，孔眼直径更大，射孔深度更深。水力喷砂射孔的孔眼直径一般在 25 mm 左右，其射孔深度一般可以达到 1 000 mm；此外，由于含磨料的高压流体作用于地层，孔眼周围会形成细小微缝隙，相当于进行了一定的压裂作用，有助于提高储层的渗流面积。

②完成水力喷砂射孔作业后，地层不会形成压实带，且孔眼更加清洁。射孔完成后，孔眼射出的高压流体还具有清理岩屑的作用，使孔眼更加清洁。

③水力喷砂射孔作业精度更高。进行射孔作业时，射孔喷嘴可根据需要下放到射孔的位置，定位准确。

④射孔工具结构简单。在进行水力喷砂射孔作业时，无须预先进行投球、钻磨桥塞等操作。

⑤可实现分段射孔作业。水力喷砂射孔施工过程中，射孔管柱完成第一个孔眼的作业后，拖动管柱移动，即可进行第二个位置的射孔，大大提高了射孔效率。

二、连续油管喷砂射孔技术

连续油管的长度最多可达到几千米之长，能够完成许多常规的油管无法完成的任务，连续油管作业设备可以连续起下、带压作业，其具有成本低、体积小、缩短作业周期的特点。

目前，我国石油和天然气资源勘探研究开发仍然存在一个重要的技术特点，即勘探研究对象已经从高渗透储层向低渗透或超低渗透储层过渡，从勘探研究前期的大、中厚度储层向勘探研究开发中后期的薄层、多级、表外渗透储层过渡。连续油管喷砂射孔技术是在现代化和高新技术应用下，为了解决该类储层有效开发的重要手段之一，连续油管喷砂射孔及其孔眼的质量直接影响着后续油管喷射及其他压裂作业的效果，因此，开展对连续油管喷砂射孔技术的研究十分必要。

连续油管喷砂射孔工艺过程如下：用油管泵送带有一定黏度的流体，采用一定的施工排量，保障射孔液通过喷嘴时流速可达 200 m/s，射孔液携带石英砂从喷嘴喷射而出，在高速喷射流速下能在套管壁上磨蚀出一个孔洞，当喷射达到一定深度且流体再无其他转向通道时，将引起孔洞中的压力增加。同时喷嘴附近的井筒压力减少，导致孔洞中的压力将比环空中的压力高出许多，直至将该层段喷砂射开为止。喷砂射孔器从上到下依次由安全接头、打捞接头、扶正器、射孔装置、球座等部件组成。安全接头用来与连续油管相连，在施工的过程中管柱遇卡时，通过解开安全接头可以安全顺利起出连续油管工具，便于后期下入打捞工具对井下遇卡工具进行打捞。球座中的钢球可以保证连续油管在注入时，球与球座完全密封实现隔离下层的作用，当施工出现异常情况时，可以通过环空进行注液，球上顶与球座分开进而实现反洗井、反冲砂作业。有研究人员通过模拟发现，环空流动能力随油管尺寸的增加而快速下降，而油管的流动能力则呈近似直线上升，但喷嘴数在 5 ~ 6 个时环空总流量最小。连续油管喷砂射孔的重要参数包括喷嘴压降、喷射排量与射流速度。

在石油测试井的压制射孔作业全部完成后，可以通过打开放喷油嘴管汇，提高连续射孔喷砂泵的输油排量，将少许颗粒石英石混砂和适量喷砂液加水进行搅拌混合，射孔泵车用混砂研磨车进行搅拌均匀，通过连续油管进入井中，对每个目标射孔层位进行连续射孔，射孔时层位需保证环空回压不得低于密封前规定压力的 5 MPa。

连续油管喷砂探管器通过接收标准套管的接箍深度和地层伽马数据将其转化为无线电信号，控制脉冲发生器开关。一个压力脉冲信号被附含于一个连续管中的循环液中，将一个无源电信号通过传输机械信号作为一个压力脉冲信号，传递到地面上的数据处理设备。压力传感器通过接收压力脉冲信号，将其传输给信号解码及处理单元转换成数据信号；信号解码及处理单元调取存储器内预存的经校正的标准套管接箍深度或伽马曲线数据，并将其与压力脉冲信号转换而来的数据信号进行比对，得到管柱深度数据。

连续油管喷砂相关的工具串有连续油管、外卡瓦连接器、液压丢手、CCL-GR探管、刚性扶正器、喷砂器、单向阀、刚性扶正器等。

连续油管喷砂射孔工艺在水平井施工过程中，可以成功解决井眼斜度大、无人工井底数据、油层薄、油层跨距大的施工作业难题。通过现场施工验证，连续油管喷砂射孔工艺能够安全、准确、可靠地实现大斜度井非常规完井这一复杂工况下的精确校深和喷砂射孔施工作业。

三、射孔测试联作技术

射孔测试联作（Perforating Combined Well Testing）是目前深水及超深水油气测试中最常采用也是最为先进的完井技术。与传统测试作业不同，射孔测试联作技术往往通过下一次管柱工具来完成多个任务，不同的射孔技术使用的工具组合往往各不相同。其中，油管输送射孔技术的主要工艺为将射孔枪、测试管柱、封隔器等工具设备接连成一个整体的串联结构下入到井筒内。

在射孔器材到达预定的位置时，将封隔器坐封，通过引爆射孔枪内的射孔弹射穿套管和地层，建立井筒和储层的油气通道使油气可以顺利流入管柱内部。与此同时，射孔爆炸产生的部分能量会释放到井筒狭长空间内，形成复杂动态载荷环境，这就是射孔工况下井筒安全问题出现的源头。因此，深水、超深水射孔条件下管柱系统、井下工具、设备及仪器等都面临着性能、寿命及安全方面的巨大考验。近年来，很多研究人员已经意识到考虑射孔冲击破坏效应的重要性，已经开始着力于分析射孔枪和射孔套管损伤、射孔管柱动态响应等问题，也取得了一定的进展。

四、水平井电缆分段射孔技术

水平井电缆分段射孔技术是运用电缆将射孔枪输送到水平井目的层位进行分段射孔的完井技术，电缆可以一次输送多簇射孔枪，可以有序地进行多簇射孔操作和桥塞坐封等工序，可以大大提高射孔效率和提高储层产能。

水平井电缆分段射孔的操作流程如下：

①先将管串连接完成后吊入井内；

②打开井口防喷装置；

③在直井段控制管串下放的速度，管串到达一定深度后，此时以较小速度开泵，管串下放深度逐渐增加，泵速也逐渐增大；

④管串到达预先设定层位后，坐封桥塞；

⑤上提射孔枪至目的层位进行第一簇的射孔；

⑥继续上提管柱至多个目的层位进行多簇射孔；

⑦当多簇射孔完成后，利用电缆提出管串，取出射孔枪。

在水平井分段射孔时应该对施工现场各方面的数据有全方位的掌握，并且要对密封装置和电缆之间的摩擦力进行计算，以保证枪串能够正常地下放；在水平井电缆分段射孔时要注意管串的下放速度，因为水平井内压力对电缆产生的推力、管串自身的重量以及井筒内液体对管串产生的浮力都会影响管串的下放速度，也会决定射孔作业能否顺利进行；在枪串下井前还要最大限度地避免由压差带来的影响；在施工过程中还要对起爆射孔枪枪眼进行准确计算，来保证实际流量可以满足井上泵送要求。

第三节 水平井射孔技术的应用

一、水平井射孔关键技术的应用

本节主要介绍水力喷砂射孔技术、连续油管喷砂射孔技术、射孔测试联作技术和水平井电缆分段射孔技术的应用。

（一）水力喷砂射孔技术的应用

水力喷砂射孔是含磨料高速流体冲击靶面成孔的过程，其成孔过程为冲蚀磨损在工程实际中的正面应用。冲蚀现象的研究一直是国内外学者研究的热点，在漫长的冲蚀机理探索过程中形成了许多成熟的理论。

微切削冲蚀理论是现今公认的较为完善的冲蚀磨损理论模型，它将流体中的固相磨料颗粒看作一把"微型割刀"，在高速射流冲击靶面时，磨料颗粒与靶面试件接触对其表面造成磨损看作一次切削的过程。

微切削冲蚀理论将冲蚀过程中发生质量损失的原因归为两类：一是磨料颗粒对靶件表面冲蚀时的切削作用导致质量损失；二是磨料颗粒对靶件表面的冲击作用导致靶件表面断裂出现裂纹。在冲蚀过程中既存在磨料颗粒的冲蚀作用又存在冲击作用。对于脆性材料两种冲蚀行为对其影响较小，对于塑性材料，磨料微粒的攻击角较小时，切削作用是质量损失的主要原因，攻击角较大时，冲击作用导致靶件表面变形断裂是质量损失的主要原因。

1. 水力喷砂射孔套管冲蚀

套管的主要冲蚀形式大致可以被分为以下四类：高压射流混合磨料的切削作用、气蚀破坏作用、磨料冲击作用以及射流的脉冲载荷引起的靶件表面疲劳失效作用。根据上述冲蚀理论，套管材料的冲蚀可看作塑性材料靶件的冲蚀，冲蚀过程中同时存在磨粒的切削作用和冲击作用。

水力喷砂射孔的初始阶段，混合磨料的超高压流体以垂直方向90°入射套管的内表面，在高速冲击下使得套管材料损失。当冲蚀对象为金属等塑性材料时，冲蚀现象主要由磨料高速作用下的切削力产生。磨料颗粒以较大的动能入射冲击待射孔套管靶面使之产生塑性变形，套管表面由于磨料的冲击作用产生唇形的凹坑，在变形区域附近的亚表层中形成应变层，套管表面部分材料由于高速磨料减速的挤压力使变形区域附近四周向上凸起形成唇缘。磨料颗粒的球形度是影响冲蚀形成的一个重要因素，当颗粒的球形度过大时，磨料对管壁的单次法向冲击力无法完成对材料的切削，只能通过挤压力的作用使材料变形，产生犁削破碎的细屑或向上凸起的唇缘延伸，经过多次冲击后的凸起唇缘产生裂纹，从靶件材料表面剥落。同时，磨料撞击套管凹坑内表面，以较小的反射冲击角对套管内壁进行二次冲蚀作用。

2. 对岩石和水泥环的冲蚀

对于岩石和水泥环等脆性材料，高速磨料导致的裂纹交叉、扩展及脆性断裂是其冲蚀的主要形式，但是在不同条件下其产生的裂纹形式有所不同。高速磨料射流作用于岩石表面时，由于岩石的材料性质是脆性材料，其破坏形式主要为横向裂纹、赫兹锥状裂纹以及径向裂纹。用球状颗粒高速冲击脆性靶件材料会产生一种类似赫兹波形的裂纹，随着粒子冲击速度的增大，靶件材料赫兹波形的裂纹增大。在进行多角度粒子冲击脆性靶件材料试验后，得到的裂纹扩展及萌生情况分为两种形式：第一种为平行于靶面的横向裂纹，第二种为垂直于靶面的径向裂纹。材料的强度退化是由径向裂纹引起的，而材料的质量损失主要是由横向裂纹产生的。

高速粒子冲击岩石初期，在强大的冲击载荷作用下，靶面材料的正下方将受到切应力的作用，而在冲击区的边界受到的则是拉应力的作用。由于岩石是一种极度抗压的材料，其抗压强度是抗拉强度的 $16 \sim 80$ 倍，抗压强度是抗剪强度的 $8 \sim 15$ 倍，故当冲击载荷达不到岩石的抗压强度时，切应力和拉应力却分别超过了岩石的抗剪和抗拉的极限强度，因此在进行水力喷砂射孔作业时，岩石表面会率先产生赫兹锥形裂纹。在含缺陷的岩石表面，由于磨料的冲蚀作用继续进行，与磨料接触的正前方将受到切应力的作用产生微小的塑性变形，而在切向应力分量的作用下垂直于冲击表面的岩石区域则会形成径向裂纹。在粒子冲击的末期，高速颗粒在磨料冲击靶面发生粒子逃逸，靶件材料会在残余应力的作用下形成平行于靶面的横向裂纹，含磨料的高速射流进入裂纹空间，在水楔压力的作用下使裂隙迅速扩展，从而加速了岩石的冲蚀破碎。岩石是脆性材料，在进行水力喷砂射孔时，含磨料的高速射流冲击岩石会导致岩石产生裂纹破碎。

（二）连续油管喷砂射孔技术的应用

连续油管喷砂射孔技术可以应用于连续油管喷砂射孔底封环空压裂作业工艺，将连续油管带入喷砂射孔枪及坐封底部封隔器，利用连续油管实施水力喷砂射孔，再通过环空实施大型压裂作业，并逐级完成坐封、射孔、压裂、解封上提工序，实施多层段压裂。连续油管喷砂射孔环空压裂管柱结构主要包括导向头、机械式定位器、水力锚、封隔器、平衡阀反循环接头、射流器、扶正器、安全剪切接头、连续油管连接短节和连续油管。连续油管喷砂射孔技术主要应用于套管固井完井水平井，通过配合机械式定位器能快速精确定位射孔及压裂段。通过油套环空注入压裂液和支撑剂，一趟管柱能够实现 20 余段的压裂改造。连续油管喷砂射孔技术整体呈现井下工具简单、施工时间短、作业风险小的特点，其现场施工流程如下。

①组装、下放工具。连续油管依次连接短节、安全接头、扶正器、喷砂器、平衡阀/反循环接头、膨胀封隔器、防砂水力锚、机械式接箍定位器、导引头的水平井连续油管带底封分段压裂工艺管柱下入套管内。

②套管接箍定位。下放工艺管柱过程中，机械式接箍定位器遇到套管接箍会向地面发送一个电压脉冲信号，表明遇到一根套管。通过比对该井下入套管时数据，能够计算出水平井连续油管射流封隔器环空多段压裂工艺管柱下放位置。

③回压测试。根据喷砂射孔及上提管柱要求，以地面控制回压不低于坐封前井口压力为控制原则。现场要提前准备好 7 ~ 14 mm 油嘴（应至少包括 7 mm、8 mm、9 mm、10 mm、11 mm、12 mm、13 mm、14 mm 等尺寸油嘴），在全井筒完全替成基液后测试不同尺寸油嘴、排量下所能控制回压的数据并做好记录，以便压裂施工期间参考。启动泵车，稳定泵车排量在射孔排量 0.85 m³/min（根据喷枪参数确定射孔排量），记录此时油嘴压力表压力即为油嘴可控制回压。

④坐封封隔器。通过连续油管下放加压实现封隔器坐封，同时防砂水力锚撑开，锚定到套管上，确保压裂施工作业过程中压裂工艺管柱不发生轴向移动。

⑤喷砂射孔。根据连续油管尺寸、长度以及喷嘴个数和内径大小，选择合适的喷砂射孔排量（保证喷嘴喷射流速大于 190 m/s），注入磨料携砂液体进行喷砂射孔，磨料砂浓度为 100 kg/m³，颗粒直径为 0.4 mm ~ 0.8 mm，射孔时间为 10 min ~ 15 min。当射孔磨料数量达到 1.0 m³ 后，连续油管注入压裂液基液清洗井内砂粒，清洗液体携带砂粒从连续油管、油管和套管之间环空返出地面。

⑥压裂施工。根据压裂设计要求，按泵注程序进行压裂施工，油管与套

管之间环空注入交联压裂液，连续油管低排量注入压裂液基液（排量一般在 $0.1 \sim 0.2 \ m^3/min$）。

⑦上提管柱。压裂结束后，上提管柱解封，拖动连续油管至第二段射孔、压裂位置，上提管柱过程中打开油套环空，连续油管以 $0.5 \ m^3/min$ 正循环注入活性水，以防止砂卡管柱，同时控制好井口套压，防止支撑剂回流。

⑧坐封、锚定、射孔、压裂第二层位。

⑨多层压裂，排液求产。

按照上述步骤，对水平井全井段压裂结束后，提出连续油管带底分段压裂工艺作业管柱，安装油嘴控制放喷排液。放喷结束，当井口压力为 0 后，下入连续油管冲砂工具进行冲砂作业，冲砂结束后，提出冲砂管柱，下泵投产。

针对固井完井水平井前期出现的施工作业效率低、连续油管遇卡、水平井压开地层困难以及压裂液浪费等问题，为了进一步提高水平井压裂施工作业效率，降低施工作业成本，开展固井完井条件下连续油管带底封水力喷砂射孔环空加砂分段压裂配套工艺，为水平井的高效压裂施工提供技术保障。

将连续油管带底封分段压裂现场施工情况分为以下四类：①顺利压开地层。射孔后顺利压开地层，在正常前置液条件下，即可完成压裂。②勉强压开地层。射孔后小排量压开地层，但初期施工压力较高，通过缓慢提高排量试挤可有效压开地层，完成压裂施工，但一般需要增加 20% 以上的前置液用量。③压开地层困难。射孔后地层破裂困难，一般需要进行多次接近限压的试挤或通过酸化处理才能压开地层，且压开地层后初期施工压力高。④无法压开地层。射孔后无法压开地层，需重复补射孔或更换射孔位置补射孔。

固井完井水平井分段压裂工艺要求施工排量高、规模大，因此在井口装置和地面设施方面需要优化。

（三）射孔测试联作技术的应用

为了提高探井射孔、测试作业效率，引进了 TCP 复合射孔与 DST 测试联作技术，并对井眼条件、压井液、管串结构、负压值确定等进行了优化研究，规范了施工作业流程，提高了射孔测试联作技术的成功率及时效，应用效果较好。

将复合射孔枪和 DST 测试工具组合在一起，采用钻杆输送方式一次下入目的层后，再用投棒或液压方式，在负压条件下，引爆复合射孔枪射开地层，然后再进行 DST 测试，即可完成负压射孔和 DST 地层测试两项作业。这种联作技术大大节省了完井时间，减少了射孔带来的二次污染，在海上勘探中备受关注。

在具体联作施工中，先要下联作贯穿；接着进行校深，确定射孔位置；然后引爆射孔枪，密切关注各种监测系统；如果射孔后枪身被卡住或砂埋，经震击无效时，就需要通过机械释放和投球释放两种方式释放射孔枪；射孔作业成功后，再按 DST 测试作业流程进行即可顺利完成 TCP 复合射孔与 DST 测试联作任务。

在海上探井测试中使用 TCP 复合射孔与 DST 联作技术，一趟管串完成射孔和测试两项作业，既可避免射孔液对油气层二次污染，不仅提高了测试效率，而且提高了测试资料质量，在南海东部应用越来越普遍。

（四）水平井电缆分段射孔技术的应用

对电缆分段射孔技术在水平井中的应用进行分析，有如下三个方面突出的实践应用结果。

一是关于枪身串在水平井的下放过程中如何保持正常下放。确保枪身串能够得以正常下放的关键在于枪身在水平井内的浮力、枪身自有的质量以及井内的压力对电缆所产生的推力这三者的总和，而在实际的下放过程中，水平井内的压力以及枪身的自重是固定不变的，但是水平井电缆同井内的密封装置之间存在的摩擦力是会跟随注液压力不同、密封脂黏度的不同、外界环境的不同以及密封胶墩的松紧程度不同而发生变化的。因此在实际的施工过程中，需要综合性地全面掌握施工现场信息，利用精密的张力计观测摩擦力的变化情况，从而准确地规划出所需要的精准配重。在此基础上，实现枪身串的正常下放。

二是如果在施工过程中发生桥塞试压未合格以及点火后球未投出等情况，则需要先对应当起爆的枪身孔眼数目进行计算，以此来保证井内流量能够满足重新泵送的施工需求。

三是在枪身下井之前需要注意压力差所带来的安全隐患，对此可以采取在立管内注入同水平井内压力类似的平衡压，以此来确保枪身串能够在闸门开放时仍然能够保持稳定，从而实现下井顺畅。

二、水平井射孔技术的其他应用

（一）合理相位角的应用

相邻两个射孔弹之间的夹角叫作相位角。相位角是影响产能的一个重要因素，目前常用的相位角有 0°、45°、60°、90°、120° 和 180° 六种。在射孔时，相位角由 180° 变化到 0° 或 90° 时，油气井产能提升较为明显，相位角为 0° 时，油气层的产能最低；相位角为 120° 和 180° 时产能居中，相位角为 45° 时产能会略有提高；相位角为 60° 和 90° 时产能最高。当射孔孔深较浅时，不同的相位角对产能影响较小，但是孔深较大时，不同相位角对产能的影响差别就会较大。射孔相位的选择对套管强度有着很大的影响，而套管强度又是影响油气井生产寿命的关键因素，当射孔相位为 45° 和 135° 时，射孔后的套管强度还能继续保持在一个较高的比值范围。

本节下面在单枚弹的基础上，通过复制、移动得到不同相位角下超高速射流侵彻射孔枪、射孔液、套管、砂岩的三维有限元模型，观察研究常用的30°、60°、90° 相位角影响下，超高速射流侵彻射孔枪、射孔液、套管和砂岩的全过程，旨在研究不同相位角射流对射孔枪和套管毛刺和应力变化的影响，综合分析毛刺和应力的变化，找到更为经济、安全的相位角和装药结构、装药量的组合方式。

两枚射孔弹时，超高速射流侵彻射孔枪、射孔液、套管、砂岩的动态过程：药型罩在炸药的爆轰力作用下，两侧向中间轴线处聚集形成射流；射流侵彻穿过射孔枪；射流侵彻穿过射孔枪、射孔液和套管；射流在砂岩内部侵彻。

1. 相位角对射孔枪和套管毛刺变化的影响

在超高速射流侵彻过程中，孔密和相位角是重要影响因素。实际生产中，孔密常采用 16 孔 /m。根据射孔枪和套管的毛刺高度随相位角的变化规律，分别建立相位角 30°、60°、90° 的超高速射流侵彻射孔枪、射孔液、套管、砂岩的有限元模型，模拟分析射孔枪和套管毛刺高度的变化。第一，相位角不同时，两个射流孔道毛刺的变化规律相同，因此用一条曲线代表两个孔道毛刺的变化。相位角为 30° 时，射孔枪和套管毛刺随时间的变化规律：射孔枪的毛刺最大高度为 4.6 mm，套管的毛刺最大高度为 3.7 mm。第二，相位角为 60° 时，射孔枪和套管毛刺随射流侵彻时间的变化规律：射孔枪的毛刺最大高度为 4.1 mm，套管的毛刺最大高度为 3.4 mm。第三，相位角为 90° 时，射孔枪和套管毛刺随时间的变化规律：射孔枪的毛刺最大高度为 4.4 mm，套管的毛刺最大高度为 3.6 mm。综上所述，相位角为 30°、60°、90° 时，射孔枪的毛刺高度分别为 4.6 mm、4.1 mm、4.4 mm，套管的毛刺高度分别为 3.7 mm、3.4 mm、3.6 mm，可以看出，相位角不同对射孔枪和套管的毛刺高度变化影响较小，毛刺高度变化基本可以忽略，即可以不考虑相位角的改变所引起的毛刺高度变化。

2. 相位角对射孔枪和套管应力变化规律影响

超高速射流侵彻过程中，相位角是重要影响因素，它能通过影响应力、侵彻深度，继而影响后期射孔井的产能。因此，研究不同相位角对射流侵彻过程中射孔枪和套管的应力变化影响，可为优化枪管组合、提高射孔安全性提供有益借鉴。

（1）相位角对射孔枪应力变化影响

当16孔/m、相位角30°时，两枚射孔弹侵彻射孔枪的应力变化如下：11 μs时，射孔枪内壁的应力由于受到射流侵彻作用而增大，射流侵彻区域的应力短时间内迅速增大至835 MPa；14 μs时，射流侵彻穿过射孔枪、拓孔完成，孔道周围的最大应力为913 MPa，此时超过材料屈服极限的应力圆周直径为3 mm，之后随着射流的继续侵彻，两孔周围超过射孔枪屈服极限的应力圆周不断增大；54 μs时，两孔间应力圆周重叠，最大应力达到999 MPa，之后超过射孔枪屈服极限的应力圆周仍不断扩大；78 μs时，两孔中心的应力值在射流杆体的侵彻作用下达到1 226 MPa，超过材料屈服极限的应力圆周的直径达到55 mm；109 μs时，射流速度减小为零，射流侵彻停止，射孔枪内的应力开始不断下降。当16孔/m，相位角为60°时，两枚射孔弹侵彻射孔枪的应力变化如下：14 μs时，射孔枪内的应力在射流的侵彻作用下逐渐增大；17 μs时，射流穿过射孔枪侵彻完成，最大应力集中在射流孔道周围，最大应力为1 011 MPa；29 μs时，两枚射孔弹的应力在初次叠加达到1 071 MPa；65 μs时，由于射孔弹应力重合，应力继续不断增大，最大值达到1 114 MPa，此时超过材料屈服极限的应力圆周呈现不规则形状，最远距离孔边约为42 mm；110 μs时，射孔枪内的应力在射流侵彻结束开始下降，直至恢复安全范围。当16孔/m，相位角为90°时，两枚射孔弹侵彻射孔枪的应力变化如下：29 μs时，射孔枪的最大应力在射流穿透射孔枪的一刻达到1 063 MPa，随着射流的继续侵彻，应力不断增大，射孔枪内部超过材料屈服极限的应力圆周重叠；69 μs时，射孔枪的应力在射流杆体开始侵彻时，达到最大值1 221 MPa，较相位角60°时的最大应力提高了107 MPa，然后射孔枪内部的最大应力不断下降，但是超过材料屈服极限的应力圆周不断增大，即对材料的损伤范围进一步增大；80 μs时，超过材料屈服极限的应力圆周最远距离孔边约66 mm；106 μs之后，射孔枪内的应力由于射流侵彻作用结束而不断下降。

（2）相位角对套管应力变化影响

当16孔/m，相位角为30°时，两枚射孔弹侵彻套管的应力变化如下：15 μs时，套管内的应力受到射流侵彻作用后迅速增大至418 MPa，但未超过其材料屈服极限750 MPa；19 μs时，套管内应力在射流穿透之际，迅速增大至794 MPa，孔道周围的应力均超高套管的屈服极限；30 μs 时两孔之间的应力重叠，重叠部分的应力达 650 MPa，未超过 750 MPa；随着射流进一步侵彻，套管内应力不断增大；54 μs 时，套管内应力达到最大值 850 MPa，超过套管屈服极限的应力仍然在套管孔道内，即套管其余部分材料性能未受到影响，54 μs 后套管内的应力开始逐渐下降直到侵彻结束。当 16 孔 /m，相位角为 60° 时，两枚射孔弹侵彻套管的应力变化如下：16 μs 时，射流比单枚射孔弹提前了 4 μs 侵彻套管；18 μs 时，套管内的应力超过材料的屈服极限，孔道周围的应力最大值达到 758 MPa，和相位角 30° 时相比，最大应力低 36 MPa；4 μs 时，套管的应力值为 780 MPa，较相位角 30° 时的最大应力低 70 MPa，两枚弹孔道内部及孔道周围小范围内有超过套管屈服极限的应力，套管内其他区域应力均小于材料屈服极限，材料性能未受到影响。当为 16 孔 /m，相位角为 90° 时，两枚射孔弹侵彻套管的应力变化如下：15 μs 时，套管内壁的应力受到射流作用而迅速增大；18 μs 时，射流侵彻穿过套管、扩孔完成，此时套管内的最大应力为 815 MPa；43 μs 时，套管内的应力达到最大值 835 MPa，比相位角 30° 时的最大应力低 15 MPa，比相位角 60° 时的最大应力高 55 MPa，两枚射孔弹孔道周围均有小范围的区域超过材料的屈服极限。

（二）非均匀分簇射孔的应用

对于非均质页岩，采用非均匀分簇射孔方法，通过对簇参数（簇距、簇长、簇数）和孔参数（孔深、孔径、孔密、相位）进行优化，可达到降低起裂压力、减缓缝间干扰、促进水力裂缝延伸扩展、促进缝网形成的目的。目前关于非均匀分簇射孔研究主要集中在射孔技术优化和射孔簇参数优化两个方面。

1. 射孔技术优化

（1）深穿透射孔技术

随着页岩开发的深入，复杂的油藏环境对射孔弹穿深提出了更高的要求，目前国内外射孔弹穿深水平已经大幅提高，国内射孔弹研制出穿深超过 1.5 mm 的深穿透聚能射孔弹，极大促进了非均质页岩储层的精细高效开发。

（2）大孔径射孔技术

对于一些特殊页岩储层，不需要水力裂缝过多地往地层深部扩展，而是尽最大限度增加近井地带泄油面积，此时就需要用到大孔径射孔弹，将射孔能量更多地在近井地带进行释放。目前国内外大孔径射孔弹技术也快速发展，以大孔径射孔弹为例，在不过多损坏套管的前提下，孔径能达到 30 mm。

（3）复合射孔技术

复合射孔技术是指在传统聚能射孔技术的基础上，炸药二次起爆，从而对已产生的射孔孔道起到气体压裂的作用，可提高射孔穿深，促进近井地层形成复杂的裂缝网络，提高近井地带的导流能力，降低射孔堵塞出现的指数。近年来复合射孔技术发展迅速，主要体现在火药聚能控制技术、枪身耐压技术等方面，一定程度上促进了非常规油气资源的高效开发。

（4）定向射孔技术

定向射孔是利用相应的定向仪器或定向装置实现对射孔方向的控制，以达到优化射孔方案、提高开发效果的目的。目前定向射孔技术广泛应用于解决井眼偏离储集层、储集层过于分散、钻井污染严重、薄差层精细开发等领域，已经逐渐成为常规及非常规油气田增产增效的重要技术手段。定向射孔技术可以重新定向裂缝或诱导 T 型裂缝产生，有助于压裂作业的成功。

（5）定面射孔技术

定面射孔技术是一种针对非常规油气、为满足特殊开采目的的新型射孔技术，该技术以 3 发射孔弹为一簇，射孔后构成一个近似扇形的平面。该射孔技术在一些非常规油气水平井上已取得了良好的应用效果，能有效降低起裂压力，增强水力裂缝的延伸能力。

2. 射孔簇参数优化

射孔簇参数优化是实现非均质页岩高效开发的另一个重要技术手段。通过调节簇间距实现不均匀布簇，可提高 46% 的总压裂面积（相对于均匀布置裂缝），因而可以考虑在页岩气水平段进行非均匀布置射孔簇，以获得更大的改造体积。深层页岩储层渗透性往往更低，该类储层压裂改造的关键在于如何在水平段产生更多裂缝并尽可能地减小裂缝间距，应在避免主裂缝应力干扰的基础上尽量减小簇间距或在局部进行加密布簇以达到增产的目的。在非均质地层中，应增加孔深和孔密来提高产能。射孔的先后顺序会影响裂缝形成的先后顺序，裂缝形成的先后顺序进而会影响裂缝周围诱导应力场。

射孔参数的优化必须以形成复杂裂缝网络、沟通储层、改造储层体积为目的。因此，射孔的方向、位置以及孔密等参数的选择应当使裂缝容易起裂并且能够向远井地带延伸。在页岩气水平井压裂中，射孔方位往往选择垂直最小主应力沿着最大主应力方向。压裂后，裂缝会沿着最大主应力方向延伸，与井筒垂直（页岩气水平井中井筒一般沿着最小水平主应力方向）形成横缝，在分簇射孔压裂改造中，能最大化改造储层面积。相比之下，射孔方位沿着最小主应力方向，压裂后，裂缝会形成纵缝，不能更好地沟通地层，无法有效地改造储层体积。页岩气水平井射孔时，相位角一般选择 60°，此时，射孔方向容易控制在最大水平主应力方向，对现场施工来说，简单不易出问题。水平井压裂有时还会采用螺旋射孔。

分簇射孔的目的是压裂后改造储层体积，获得更高的产量。因此，射孔位置应当选择布置在裂缝容易起裂并向远井地带延伸且具有一定产油能力的位置，即储层非均质性低的地方。同时布孔时要避开钻井时产生的类似于套管接箍等不稳固位置。射孔孔深、孔径的选择要基于实际的射孔弹库数据。孔深与孔径呈相互制约的关系。为了裂缝向更深的地层扩展，往往选择穿透深度比较深的射孔弹，但是穿透越深，孔径必须更小才能满足分簇限流，孔径过于小会导致支撑剂在井筒附近桥接，裂缝容易闭合，并且会减小缝内净压力，不利于裂缝转向。射孔弹选择孔深为 1～1.5 倍井筒、孔径大于支撑剂直径 8～10 倍时，能够有效地扩展裂缝并铺置支撑剂。为了使压裂过程中同一压裂段的几个射孔簇能够同时起裂，应合理地分配压裂施工流量，形成均匀的裂缝扩展形态。

3. 非均质页岩射孔

射孔是整个钻井过程中最重要的作业项目。尤其对于井下环境更加复杂恶劣的非均质页岩，地层中射孔穿深和孔径的变化规律，直接影响到后续压裂改造时水力裂缝扩展规律和缝网体形态，最终影响到页岩气资源的高效开发。

目前关于非均质页岩射孔穿深和孔径变化规律的研究存在以下不足：

第一，受射孔实验风险和成本的影响，关于射孔穿深和孔径变化规律的研究还主要以数模研究为主，缺乏从物理模拟实验角度对该问题的研究。

第二，现场对射孔作业是否成功的评价还普遍停留在观测射孔弹是否全部起爆的层次，认为当枪上的射孔弹全部起爆则射孔作业成功，对于井下真实环境中射孔实际穿深和孔径变化规律缺乏认识。

第三，在进行射孔方式及参数优化研究时，普遍假设若不发生弹间干扰现象，则各射孔彼此之间相互独立，不存在孔周裂缝出现，且穿深和孔径不会受周围射孔影响。

因此针对非均质页岩射孔穿深和孔径变化研究方面的不足，需要开展小尺度页岩射孔物模实验和大尺度页岩射孔物模实验，以期较为全面地揭示非均质页岩岩石物性参数变化、射孔方式和参数变化对射孔穿深和孔径的影响规律。其中岩石物性参数包括弹药量、岩石所受有效应力、岩石强度等，射孔方式和参数包括螺旋射孔的相位角以及定向射孔的轴向距和方位角等。

小尺度页岩实弹射孔物模实验是进行每组射孔实验时，在一块小尺度模拟井下真实射孔环境的页岩岩芯靶上打一发射孔弹，重复进行多组相同实验。实验过程中可对岩石物性参数进行改变，射孔结束后对射孔穿深和孔径进行测量，从而探究药量、页岩所受有效应力（岩芯所受围压和孔隙压力差值）和页岩强度等参数对射孔的影响。因此，小尺度页岩射孔弹穿深随弹药量、岩石强度、孔隙度等因素变化关系密切：弹药量越大、岩石所受有效应力越小、岩石强度越小、孔隙度越大、纵波速度越小，则射孔弹穿深越大；反之，射孔弹穿深越小。射孔弹孔径与弹药量变化关系密切，弹药量越大孔径越大；孔径受岩石强度、孔隙度等物性参数改变的影响较小。

大尺度页岩实弹射孔物模实验就是进行每组射孔实验时，在一块大尺度模拟页岩靶上同时打多发射孔弹，重复进行多组相同实验，实验过程中通过对射孔枪进行特殊设计，可实现不同射孔方式（如螺旋射孔、定面射孔等）和射孔参数（如螺旋角、定面轴向间距等）的调节。射孔结束后通过对所形成射孔的穿深和孔径进行测量，探究不同射孔方式及参数改变对射孔穿深和孔径的影响。大尺度页岩射孔弹穿深随弹药量、岩石强度、孔隙度等因素变化关系密切：弹药量越大、岩石所受有效应力越小、岩石强度越小、孔隙度越大、纵波速度越小，则射孔弹穿深越大；反之，射孔弹穿深越小。射孔弹孔径随弹药量变化关系密切，弹药量越大孔径越大；孔径受岩石强度、孔隙度等物性参数改变的影响较小。对于不同型号的射孔弹，若要发挥其最大穿透岩石效能，需要对相位夹角、轴向间距和射孔方位角进行调整。

页岩非均匀分簇射孔的核心目的是通过调节射孔方式及参数增强射孔压裂过程中近井筒裂缝可控性，对于不同型号的射孔弹，改变定面夹角和交错角组合时，近井筒裂缝呈现出特定的形态和扩展规律，对后续压裂改造产生重大影响。对于不同特点的非常规油气储集层，可尝试采用交错定面射孔方式，优选射孔弹型号以及定面夹角和交错角组合以形成所需的近井筒裂缝，从而最大限度影响并控制后续压裂主缝的形成与扩展，更好地进行压裂改造。

页岩非均匀分簇射孔方法有如下四种。

第一，促进形成近井筒360°横切裂缝。对于地质条件良好、倾角变化较小、厚度较大的页岩储集层，垂向上井筒轴线一般穿过储集层中部，通常需要形成垂直井筒轴向的横切主缝，从而减缓近井筒效应，控近扩远。例如，采用深穿透射孔DP44RDX38-1射孔弹，取定面夹角60°、交错角为30°，各定面采用螺旋单向环绕井筒排布方法，可实现这一目标，射孔爆轰时近井筒附近相邻定面间会通过菱形横切裂缝连通并环绕井筒一周，在后续压裂时近井筒360°横切裂缝更易扩展发育成环绕井筒的大型横切主缝。

第二，促进形成近井筒定向横切裂缝。对于地质条件特殊、倾角变化较大或有特殊工程需求的页岩储集层，井筒轴线有时会从储集层上方或下方穿过，通常需要裂缝偏向储集层一侧发育，从而最大限度利用水力能量，提高产能。此时采用深穿透射孔DP44RDX38-1射孔弹，取定面夹角60°、交错角为30°，各定面采用连续"W"字形在井筒一侧双向排布，可实现这一目标，射孔爆轰时近井筒附近相邻定面间会通过菱形横切裂缝连通并在井筒一侧按照"之"字形发生扭转，形成近井筒定向横切裂缝，在后续压裂时易扩展发育成偏向井筒一侧且控制一定周向角度的大型横切主缝。

第三，促进形成近井筒多向横切裂缝。井筒轴线通常难以准确贯穿地质条件复杂、倾角变化剧烈的页岩储集层，常偏向于储集层一侧或穿出，这种情况下需要主缝扩展方向能"紧跟"储集层位置。此时采用深穿透射孔DP44RDX38-1射孔弹，取定面夹角60°、交错角为30°，各定面根据储集层位置混合采用螺旋单向和连续"之"字形双向排布方法，可实现这一目标。

第四，促进形成近井筒缝网。对于薄差层、含边底水油气层、稠油油层和出砂油气层等复杂储集层，通常需要通过射孔直接在井壁上获取更大的过流面积，降低储集层破裂压力，形成近井筒缝网系统。例如，采用大孔径GH46RDX43-1射孔弹，取定面夹角60°、交错角为30°，各定面采用螺旋单向环绕井筒排布方法，可达到该效果。该射孔参数下由于射孔弹距离较近，能量释放集中，孔周岩石会在射孔爆轰时发生碎裂，从而直接形成近井筒缝网。

（三）油田射孔的应用

射孔作业是油田开发过程中较为关键的环节，也是勘探油田的重要组成部分。它是试油前的一道工序，射孔作业中技术员通过制订目标计划对预先选择的井眼进行爆破作业，这就需要使用专业的射孔器械到一定的深度进行开口操作，使地下的气体能够流通，液体能够顺利流入井眼然后进行采集，普遍应用于油气田和煤田。所以针对不同的环境条件，要考虑地层情况和采集项目的特点、底层损害程度、设套管备步骤和油田生产条件，根据不同的情况选择适合射孔器材，现如今射孔器材可以分为水流式、聚能式以及子弹式，国外的石油公司大多数采用的是水流式射孔器材；国内石油采集普遍采用的是聚能式射孔器材。

油田射孔作业时，先把射孔枪下至预定的深度位置，事先对层套管和水泥环打好记号，再使用射孔弹将它们射穿从而形成地上到井下的连接口，实现采油、采气等作业。现场应根据具体情况来选择匹配的射孔技术。射孔技术主要分为正压技术和负压技术。前者是升压，用密度较高的射孔液使液柱压力升高，并且高于地表层压力的射孔技术；后者是降压，把井筒液位降低到某种程度，形成低于地表层压力建立适当负压的射孔技术。在技术趋势上，使用射孔进行井下作业得到越来越广泛的应用。

从目前技术上看，射孔技术的成长趋势总结为以下几个阶段：首先是在油气层中能实现精准位置的确定并打开，其次是对地质组织进行分析保护，最后是对油气层进行一次释放和二次释放。当今时代，伴随着越来越成熟和完善的石油、天然气的开采技术，采集率的提高一直是我国不断深入研究的方向。

（四）动态负压清洁射孔的应用

聚能射孔是套管完井的一种主要方式，伴随射孔过程产生的高压脉冲载荷，近孔道储层压实变形伤害是不可避免的。在提高射孔效能的同时，减轻油气储层射孔伤害，对提高射孔井产能具有极其重要的意义。

动态负压射孔 DUP 技术（Dynamic Underbalanced Perforating）是一项射孔技术与完井设计相结合的新技术，该技术使用一种全新的施工设计和井下硬件设备，控制射孔过程中井筒内瞬间压力变化，使得射孔枪起爆后几百毫秒时间内在地层和井筒间产生一个很高的动态负压，并维持一定时间，在孔道内产生涌流（Surge Flow），最大限度地对射孔孔道碎屑残留进行清洗，降低射孔表皮效应，提高油气井产能或注入能。

储层射孔伤害与清除方面的研究涉及爆炸物理、油气井流体动力学和岩石力学等交叉学科领域，国内在射孔井筒压力波动精密监测方面的技术尚不成熟，在动态负压环境形成过程、调控机理，以及动态负压工艺参数设计方面尚处于空白阶段。目前油田现场常采用的 4 种降低射孔伤害的工艺如下。

①深穿透大孔径聚能射孔弹射孔技术。为降低孔壁压实对孔道流通性的影响，控制射孔伤害程度，采用穿透深、孔径大的射孔弹进行射孔被认为是非常有效的方法。因此，相关厂家在优化炸药性能和药型罩结构，提高炸药威力与射流侵彻能力方面取得了一定进展。

②孔道酸洗技术。通过井筒向射孔孔道加注酸性溶液，利用酸性液体与孔道堵塞物质起反应，溶蚀掉近孔道岩屑，提高孔道渗透性，降低射孔伤害。

　　③静态负压射孔技术。射孔前，通过井筒排液等措施降低井筒静压力，使之低于储层压力，从而形成初始负压差状态。射孔后，利用建立的负压差使储层流体迅速流入井筒，借助流体的冲刷作用，清理岩屑，降低压实带厚度，达到控制射孔伤害程度的目的。

　　④动态负压射孔技术。在射孔工具串上增加快速泄压装置，该装置由密封空腔、开孔弹及泄压阀等组成。在聚能射孔弹起爆时，快速泄压装置中的开孔弹同时引爆，打开密封空腔，吸收井筒液体，井筒中形成高幅动态压力差，历经 $100 \sim 200$ ms 时间震荡，在射孔孔道内产生涌流（Surge Flow）。同时，压力波大幅震荡疏松了孔道压实带涌流，将堵塞和松脱的岩屑碎片携带出去，起到清洁孔道的作用，此即为动态负压射孔技术。

　　以上 4 种射孔伤害控制工艺都存在优缺点，受到井下射孔弹作业空间和炸药材料配比等因素影响，射孔弹性能达到一定水平后，提升空间受限，存在技术瓶颈。孔道酸洗技术属于化学解堵方式，可能存在孔道内岩石溶解反应慢，酸化溶液中含有的固体颗粒容易造成二次污染等问题。静态负压射孔技术是目前应用最广泛的一种方法，对于渗透性好的储层，静态负压清洁孔道效果好，但对于渗透性不好的储层，静态负压清洁孔道效果并不理想。另外，对于致密储层，建立所需静态负压难度大，费用高，难以实现。动态负压射孔技术是目前孔道清洁程度最高、速度最快的压实伤害清除方法，对比静态负压射孔，孔道伤害程度有明显缓解，但动态负压射孔技术形成的时间比较短，在其机理、关键参数控制等方面还不成熟。

　　动态负压射孔技术，能够在孔道内快速建立压力梯度（几十毫秒），诱发储层流体突然向井筒内涌流，是清洁孔道的关键。动态负压值越大，动态负压形成时间越短，则产生的涌流强度越大；动态负压持续时间越长，涌流冲刷压实带岩屑的能力越强，孔道清洁程度越高。由此可见，动态负压射孔效果源于对射孔瞬态现象的控制，即对动态负压形成时间、幅值大小和持续时间三个关键参数的控制。根据动态负压形成机理可知，空腔体积是影响动态负压效果的主要因素，另外，开孔弹的孔密、射孔初始压力也会明显影响压力梯度。为此，相关学者采用正交实验方法，分析空腔体积、开孔弹密度及射孔初始压力对压力波动的影响规律，研究动态负压射孔参数的控制方法。射孔起始压力实际为井筒初始压力。随井筒初始压力提高，动态负压值升高，形成时间降低，相应的动态负压持续时间升高。井筒初始压力水平对动态负压的形成具有重要影响，提高井筒初始压力值，对提升动态负压 3 个关键指标参数至关重要。当增加开孔密度时，对动态负压幅值、压力持续时间影响不明显，未呈现出一致性变化关系；增大开孔密度，有利于动态负压的快速建立，与射孔枪空腔井筒间的水力连通性正相关。传统上井筒储层建立压差的途径为控制井筒初始压力，但井筒作业工艺复杂，成本高昂，通常在射孔枪管串加设空枪短节（盲枪）。在射孔爆炸的同时，开孔弹爆炸"开窗"，将井筒高压流体吸纳进空腔，降低井筒压力，提高动态负压的幅值。随空腔体积增加，动态负压的幅值显著增加，形成的时间显著缩短，但动态负压持续时间的变化规律不明显。因此，在动态负压射孔参数设计中首先要合理配置空腔体积。此外，空枪开窗面积大小、开孔弹开启速度等也会影响泄流过程，进而影响动态负压工艺作业效果。因此，空腔体积是影响动态负压幅值的主要因素，孔密（开窗面积）是影响动态负压形成时间的主要因素，而射孔或井筒初始压力则是影响动态负压持续时间的主要因素。

由于油气井射孔过程属高度非线性动力学问题，各影响因素对动态负压关键参数的影响规律极为复杂，难以得到模型公式性的结果，因此需借助 LS-DYNA 动力学数值仿真技术，针对具体井地质、井筒和射孔枪串工具等参数，优化得到动态负压控制的参数组合。

第七章　水平井压裂工艺技术

近年来，水平井压裂工艺技术不断改进和完善，逐渐形成了一套相对完整的技术体系。本章分为水平井压裂基本理论、水平井水力压裂施工、水平井压裂技术分析、水平井压裂技术的应用、水平井压裂技术前景展望五部分。

第一节　水平井压裂基本理论

一、水平井压裂原理

水平井的压裂设计与直井的压裂设计稍有不同，强调要全面合理地考虑各种影响因素，如岩石力学性质、储层流体性质、压裂前后的储层性质等。

压裂水平井裂缝的起裂方向取决于井筒与最小主应力方向的关系；当井筒轴线与最小主应力方向平行时，就会产生横向裂缝；当井筒轴线与最小主应力方向垂直时，就会产生纵向裂缝；当井筒轴线与最小主应力方向既不是0°也不是90°时，则产生的裂缝可能是非二维的和S形的。

若产生的裂缝是横向裂缝，裂缝与井筒间的无效接触会产生拟表皮效应，造成裂缝与井筒之间的附加压降，直接影响产能。但横向裂缝也具有两个明显的优点：一是产生一条以上的裂缝；二是能获得较大的泄油面积。

若产生的裂缝是纵向裂缝，产能增加不明显；但当无因次导流能力 C_{fD} 低（$C_{fD} < 2.5$）或水平井段的长度 L 与油层厚度 h 的比值较高（$L/h=20$）时，纵向裂缝能增加水平井的产能。利用水力压裂产生纵向裂缝的方法是一种有效地用于酸无效地层、水敏地层消除地层损害或增大油藏渗透率的补救处理方法。这是因为纵向裂缝有以下几个优点：一是与井筒的接触面积大，不需要较高的近井筒 C_{fD}；二是纵向裂缝不像横向裂缝那样受流量收敛作用的影响；三是在一个补救情况中，无须辨别最小主应力方向，纵向裂缝诱生不用知道精确的最小主应力方向就可完成；四是它有一个相当短的穿透深度，故容许用于它的设计的油藏渗透

率误差会更大一些；五是在消除井筒损害或消除垂向渗透污染时，纵向裂缝与井筒的接触面积更大，减少了流量收敛影响，能更好地完成上述任务。

二、水平井压裂裂缝扩展相关理论

（一）裂缝扩展模型研究现状

裂缝几何形态的定量计算是水力压裂设计的关键问题之一，它受到地层性质、流体性质和施工参数等共同控制。裂缝扩展模型是模拟计算裂缝形态的重要工具，在水力压裂设计中极其重要。综观国内外压裂技术从常规储层到非常规储层的运用和发展，裂缝扩展模型也经历了从常规裂缝扩展模型到非常规裂缝扩展模型的发展。

1.常规裂缝扩展模型研究现状

常规裂缝扩展模型主要经历了一个从二维到拟三维、再到全三维的发展历程。

在水力压裂早期，由于压裂规模都较小，泵注时间较短，导致裂缝在高度方向上延伸变化不大，因此在模型假设时就认为裂缝高度在压裂过程中始终保持不变。相关学者在卡特（Cater）面积公式的基础上只考虑缝长和缝宽变化，从而建立了多个二维裂缝扩展模型，主要包括 CGD 模型、PKN 模型、Penny 径向模型以及 Howard-Fast 平板模型等。其中，CGD 模型和 PKN 模型是目前运用得最为广泛的二维裂缝扩展模型，下面主要介绍这两种经典的二维裂缝扩展模型。

CGD 模型假设储层为均质各向同性无限大二维平面弹性体，在裂缝延伸方向上的平面会受到平面应变作用。储层和隔层连接面上裂缝可以自由扩展，裂缝在纵向上的剖面为矩形，在水平剖面上是一个椭圆形。

PKN 模型也是一种二维裂缝扩展模型，该模型假设裂缝高度被限制在产层内部，而在垂直于裂缝延伸方向的平面上处于平面应变状态，因此在垂直截面上的变形与其他截面无关，并假设裂缝在纵向上的剖面为椭圆形。该模型在忽略压裂液滤失的基础上，推导出了裂缝宽度的计算公式。

一般来说，在相同的注液量下 PKN 模型模拟出的裂缝长度大于 CGD 模型，而裂缝宽度却小于 CGD 模型。通过对比两种模型发现：PKN 模型更适用于裂缝长度与裂缝高度之比大于 1 的裂缝，而 CGD 模型更适用于裂缝长度与裂缝高度之比小于 1 的裂缝。这两种模型的准确性取决于裂缝高度假设是否符合实际压裂施工情况，如果符合，则二维扩展模型能够模拟得到与现场一致的效果，如果裂缝高度差异较大，那么二维裂缝扩展模型模拟出的裂缝形态与实际的裂缝形态差异较大。因此在此基础上又进一步发展出了拟三维和全三维裂缝扩展模型。

　　拟三维裂缝扩展模型考虑了裂缝高度的变化，流体仅考虑一维方向流动。目前公开发表的拟三维裂缝扩展模型较多，但其在裂缝高度变化上考虑的基本原理主要有两种：一是将裂缝高度这一参数引入裂缝延伸准则中，通过判断裂缝是否扩展来计算裂缝高度的变化；二是将两种二维裂缝扩展模型综合起来，利用 CGD 模型解决垂向延伸问题，而利用 PKN 模型解决横向延伸问题。

　　全三维裂缝扩展模型考虑了三维岩体变形和二维流体流动，其模拟出的裂缝形态更加符合实际压裂中的裂缝扩展过程。由于流体和固体相互影响，三维扩展模拟变得十分困难。目前全三维裂缝扩展模型主要有两种，这两种模型在理论上都很完备，都能够准确地模拟裂缝在不同地层状态下裂缝形态、支撑剂分布等，但也存在不足，主要在于需要输入的数据较多且获取困难，都采用了有限元进行离散求解，计算量很大且求解复杂，在实际压裂中要获取裂缝的三维形态参数需要消耗大量的财力和时间。因而在实际压裂施工中很少采用全三维裂缝扩展模型进行压裂设计，主要还是采用二维裂缝扩展模型和拟三维裂缝扩展模型。

　　进入 21 世纪以来，随着非常规油气藏的不断开发，给裂缝扩展模型带来了巨大的挑战。主要表现为常规裂缝扩展模型能够准确地模拟单条裂缝扩展时裂缝的几何尺寸，但在非常规油气藏中多裂缝扩展时模拟出的结果往往不能准确描述裂缝形态。原因在于多裂缝同时扩展时会产生裂缝应力干扰，导致裂缝发生不同程度的偏转。同时非常规油气藏中多存在大量的天然裂缝，当水力裂缝遇到天然裂缝后扩展规律会发生显著变化。因此，常规裂缝扩展模型不能很好地解决这类问题，这给非常规油气藏开发带来了困难。鉴于此，人们逐渐向更加复杂的非常规裂缝扩展模型展开研究。

　　2. 非常规裂缝扩展模型研究现状

　　1987 年，有学者在进行非连续地质体水力裂缝扩展时发现，在水力裂缝与天然裂缝相交时，可能出现穿过、剪切滑移或者沿着弱面处延伸等现象，形成复杂的裂缝网络。由此，人们提出了很多非常规裂缝扩展模型，主要包括线网模型、扩展有限元模型、离散元模型、FPM 模型等。

　　（1）线网模型

　　线网模型主要考虑了储层中的天然裂缝，将地层中的天然裂缝假设为相互平行的正交裂缝。该模型最早用来表示裂缝性储层的复杂裂缝。线网模型的优点是考虑了压裂过程中裂缝椭球体的实时扩展以及施工参数的影响，能计算支撑剂在裂缝中的分布情况。其局限性在于：无法模拟不规则裂缝；简单地认为天然裂缝与人工裂缝相连接，没有建立判断准则；忽略了人工裂缝之间的应力干扰；只能通过微地震监测的方式确定裂缝间距和改造体积，计算结果无法普遍使用。

（2）扩展有限元模型

基于对有限元方法的改进，扩展有限元法（XFEM）被正式提出，主要用来模拟不连续体。此方法由于不需要进行整个区域的网格划分，计算效率极快，目前常被用于求解位移不连续问题。将此种方法应用于裂缝扩展的关键是实现裂缝内流体压力和诱导应力的耦合。2009年，有学者将流体方程融入扩展有限元方法中，将缝内流体压力和诱导应力进行部分耦合，模拟了裂缝性储层中的水力裂缝扩展。结果显示，当地应力差越大，天然裂缝与最大水平主应力夹角越小时，地层越难形成裂缝网络。

（3）离散元模型

离散元法（DEM）将岩石假设为由很多岩石单元组成的弹性介质体，主要运用于固体力学领域，如岩石稳定性分析、边坡滑移等。目前，已有学者将离散元法应用于水力压裂模拟，虽然离散元法在水力压裂中有很大的应用潜力，但该方法计算量太大，在处理复杂问题时，稳定性仍需进一步提高。

（4）FPM模型

FPM模型是基于边界元理论、适用于多裂缝非平面扩展的拟三维模型。该模型能预制天然裂缝，并通过位移不连续法计算裂缝应力干扰，该模型忽略了流体与岩石的作用，缝内压力恒定。

（二）水平井裂缝扩展影响因素分析

1. 水平井单簇裂缝扩展影响因素分析

水力压裂过程中裂缝的几何形态会直接影响压裂效果，裂缝形态越宽，延伸距离越长，越有利于沟通储层，取得较好的压裂效果。水力压裂裂缝起裂和扩展准则遵循cohesive孔压单元的起裂准则和损伤演化模型。下面结合储层地质特征，对水平井单簇裂缝扩展的影响因素进行分析。

（1）压裂液排量对裂缝扩展的影响

压裂液排量是影响水力压裂的重要参数，整个注入压裂液过程可以分为三个阶段：压裂液从地面泵入井筒时，排量的大小由地面泵组的动力所决定，同时地面管线、井下管柱都承受不同程度的损耗；压裂液进入地层时，排量的大小决定着向地层滤失量的大小，对裂缝起裂压力也有一定的影响；压裂液在裂缝延伸时，排量的大小决定着最终裂缝的长度、宽度和裂缝的延伸压力，间接影响了整个压裂的最终效果。所以，必须对压裂液排量在水力压裂施工中的影响规律有清晰的认识，以便设置最优排量，提高压裂质量。

（2）压裂液黏度对裂缝扩展的影响

压裂液的性能要求也是施工参数中需要考虑的一个重要因素，压裂液性能的好坏一般以携砂能力、摩阻大小、滤失性以及承受破坏的能力来评定，良好的支撑剂要求具有较高的携砂能力、较低的摩阻力和一定的造缝能力。决定这些性能的一个重要参数就是压裂液的黏度，一般认为，压裂液黏度越大，携砂能力越强，摩阻越大，滤失量越小。因此不能无限增大压裂液的黏度，这会加大压裂液在管道中的摩阻，提高井口压力，使压裂液排量降低，可能会造成压裂失败，另外，压裂液尖端的造缝能力也变弱，很难形成长裂缝。因此，压裂液黏度的大小对最终裂缝的形态影响较为明显，探究压裂液黏度对压裂效果的影响规律有重要意义。

（3）弹性模量对裂缝扩展的影响

岩石弹性模量是岩石物理力学性质之一，对水力压裂中裂缝的起裂压力、延伸压力都有显著的影响，所以研究不同大小的弹性模量对裂缝的起裂、扩展行为的影响规律有着重要的指导意义。

（4）水平主应力差对裂缝扩展的影响

水力压裂过程可以看作是在流体的作用下岩石受力变形直至破坏的过程，裂缝的扩展与储层岩石的力学性质有着直接的关联。一般储层岩石越致密，地应力越大，岩石越难以破坏。另外，岩石的非均质性越强，水力压裂裂缝在地层的走向越难以预测，因此研究储层地应力的大小和方向对水力压裂裂缝扩展规律的影响有重要意义。起裂压力对水力压裂裂缝起裂有着决定性作用，它直接受井筒周围应力分布的影响，最大水平主应力与最小水平主应力之间的差值则会影响井筒附近的应力分布。

2. 水平井多簇裂缝扩展影响因素分析

非常规油气资源在世界范围内十分丰富，已成为未来发展的重点。大量生产实践证明，水平井分段多簇压裂技术是非常规油气藏改造的关键技术。

然而，在水平井压裂生产时，所形成的裂缝并不都是有效裂缝，有些射孔簇对于产量几乎没有贡献。该现象形成的重要原因是：在多裂缝同时延伸时，这些裂缝受到格外严重的缝间应力干扰，裂缝延伸受到抑制。这种现象的存在对利用水平井分段多簇压裂技术改造致密油气藏有着极大的限制。因此，需要对水平井分段多簇压裂过程中的多裂缝扩展规律进行更加深入的研究。

实现水平井分段多簇压裂增产的关键是掌握压裂施工时地下深处多裂缝扩展

的实际形态。裂缝扩展的实际形态受到地层参数和施工参数等因素的影响。在多裂缝扩展规律研究的基础上开展基于实际裂缝形态的压裂施工参数优化，对非常规油气储层的增产意义重大。

准确掌握水平井分段多簇压裂后的裂缝扩展形态，有助于提高压裂施工效率。目前常用裂缝的扩展长度、宽度、高度以及偏转角度来表征裂缝形态。下面将针对主要地质参数（地层弹性模量、地层泊松比、地层主应力差）及压裂施工参数（布缝方式、压裂液参数、射孔参数）等进行多裂缝扩展形态的影响因素分析，具体来讲，可以得到以下结论。

第一，低地层弹性模量、高黏度的压裂液压裂，容易形成短宽缝；高地层弹性模量、低黏度的压裂液压裂，容易形成长窄缝；而采用高排量的压裂液容易形成长宽缝。

第二，随着地应力差增大，边缘裂缝的偏转角迅速减小，当地应力差超过 5 MPa 后，边缘裂缝几乎不发生偏转。

第三，当段内 4 簇压裂时，两边缘裂缝的扩展形态差异最为显著。

第四，随着地层弹性模量的降低，地应力差的增大，簇间距的降低，孔眼直径、数量的增加，边缘裂缝的有效缝长、平均缝宽、注液量均有所增加，有效缝高变化很小。中间裂缝的有效缝长、平均缝宽、注液量和有效缝高均降低。

三、水平井压裂过程风险分析与控制

压裂风险是指人们对储层特征认识不足、选井选层不当、入井材料选择不合理、施工设计不合理、施工质量不达标等导致施工失败或施工成功但是不能取得相应增产效果或给油气井的后期生产带来不利影响的现象。

下面将全面、系统、深入分析压裂中各种风险发生的原因，研究控制各种风险的措施，建立风险控制体系指导压裂设计和施工，提高施工的成功率和有效率。

（一）入井材料引起的风险及控制

1. 支撑剂引起的风险及控制方法

对水平井进行压裂施工的主要任务是在水平井筒周围压出一条裂缝，该裂缝需要有很高的导流能力，否则会有砂堵的风险。因此形成较高的裂缝导流能力是压裂作业成功的关键。

裂缝的导流能力受多方面影响，主要分为内因和外因两方面。内因包括有裂缝闭合压力、岩石硬度、地层温度等，这些因素属于地层本身的性质，难以控制，因此一般不做考虑。外因主要是支撑剂本身对导流能力的影响，包括支撑剂的物理性质、浓度以及质量的好坏。

（1）支撑剂对导流能力的影响

支撑剂作为压裂施工工作液的一种，通常是加入压裂液中一起注入裂缝中。一旦形成满足设计需要的人工裂缝，地面的压裂泵就停止工作，此时裂缝会在地应力的作用下发生闭合，这个时候就需要支撑剂来阻止裂缝闭合。因此支撑剂必须支撑住地层的闭合压力，支撑剂的类型和粒径大小对裂缝的导流能力有较大影响。

为了研究基本支撑剂参数对裂缝导流能力的影响，可以采用 FCES-100 裂缝导流仪进行导流能力评价。实验温度为室温，最大闭合压力为 120 MPa，使用 API 标准导流室。此外，可以用试验用页岩岩板代替金属板来模拟裂缝。支撑剂导流能力的计算公式如下。

$$k\omega_f = \frac{3.247 \times 10^{-3} \mu Q}{\Delta p} \qquad (7\text{-}1)$$

式中，k 表示支撑裂缝渗透率，Q 表示裂缝内流量，μ 表示流体黏度，Δp 表示测试段两端的压差，ω_f 表示充填裂缝的缝宽。由式（7-1）可以看出，只需测得压差及流量，即可求得支撑剂的导流能力。根据支撑剂的应用现状和压裂技术需要，可以选取陶粒、石英砂、覆膜砂 3 种常用支撑剂，选用 40/70 目、20/40 目、16/20 目 3 种粒径的石英砂，40/70 目、30/50 目两种粒径的覆膜砂，40/70 目粒径的陶粒。

第一，首先测试支撑剂粒径对导流能力的影响。在 5 kg/m² 铺砂浓度条件下，选用三种不同粒径的石英砂测试不同闭合压力下的导流能力。

根据实验结果可知，闭合压力低于 40 MPa 时，随着闭合压力的增大，石英砂的导流能力下降较快；高于 40 MPa 以后，随着闭合压力增大，石英砂的导流能力减小，导流能力曲线趋于平缓。石英砂在闭合压力为 40 MPa 时破碎严重，20/40 目和 40/70 目石英砂在该闭合压力下的导流能力与闭合压力为 5 MPa 时相比而言分别下降了 84.4% 和 95.7%。

在 5 kg/m² 铺砂浓度条件下，选择两种不同粒径的覆膜砂继续测试，根据调查结果可知，闭合压力从 5 MPa 增至 70 MPa 时，两种粒径覆膜砂的导流能力分别下降了 94.4% 和 94.7%；当闭合压力高于 50 MPa 时，两者导流能力的差值逐渐减小；当闭合压力为 70 MPa 时，两种粒径的覆膜砂仍有导流能力，且 30/50

目粒径的导流能力略大。由以上两次试验可知，对于中高压力的储层，宜选用覆膜砂做支撑剂。

第二，测试支撑剂类型对导流能力的影响。在 5 kg/m² 铺砂浓度下选择相同粒径的不同支撑剂进行试验。根据实验结果可知，在 5 kg/m² 铺砂浓度下，闭合压力在 30 MPa 以下时，随着闭合压力的增大，陶粒、石英砂和覆膜砂三种支撑剂导流能力的下降幅度均比较大；当闭合压力超过 40 MPa 后，导流能力下降幅度均变小，在相同闭合压力下，40/70 目陶粒的导流能力最高，覆膜砂次之，石英砂最低。因此，当储层的闭合压力较大时，宜选用陶粒支撑剂。

（2）由支撑剂引起的风险控制方法

首先，需要考虑的是支撑剂的强度。一般而言，对于深度在 1 500 m 以上的井普遍选择石英砂；如果井的深度超过 3 000 m，要用强度较大的陶粒；对于深度在 2 000 m 左右的井，一般用尾部追加陶粒的石英砂。

其次，需要考虑的是支撑剂的粒径。目前 20/40 目支撑剂运用最广。如果该地层的杨氏模量高或闭合压力高，则要选用粒径再小点的（如 40/60 目）支撑剂。

最后，需要考虑支撑剂的外观。一般做工精细的支撑剂圆度和球度较高，支撑裂缝的效果较好，如果有条件，可以在使用支撑剂之前过滤一下杂质。

2. 压裂液引起的风险及控制方法

压裂液是指由多种添加剂按一定比例形成的非均质不稳定的化学体系，是对油气藏进行压裂施工时使用的工作液。如果压裂液的性能不好则有可能会有以下风险。

第一，如果压裂液不能耐高温或不能高耐剪切应力，则有可能导致压裂液流失或携砂能力下降，最终造成砂埋或砂堵。

第二，压裂液在地层发生物理或化学反应，容易对油气层造成永久伤害，导致无法继续生产。

第三，如果压裂液的缓蚀性能较差，则会损害施工设备，从而导致无法生产。在选择压裂液时，要充分考虑地层的性质，选择耐温性能和耐剪切性能强而且不会污染地层的压裂液。如果是酸化压裂，还应考虑压裂液的缓蚀性能。

（二）砂堵风险及控制

砂堵是指在压裂的加砂过程中，由于井下地质情况的复杂性、压裂液液体性能、加砂浓度等因素的影响，支撑剂在井底、孔眼或裂缝中某处聚集并形成堵塞，致使施工压力骤然增高，导致施工无法顺利进行的现象。相反，在理想的加砂过程中，施工压力基本保持平稳或只是出现小幅的波动，直至按照设计完成加砂。

1. 砂堵的分类

根据砂堵发生的时间或地点可以分成近井地带砂堵和裂缝中砂堵。

（1）近井地带砂堵

近井地带砂堵是指泵注携砂液之初，泵注压力突然变大，导致砂堵的现象。造成这类砂堵的主要原因可能是开始泵入时就泵入了较高浓度的砂液。当发生此类砂堵时必须马上终止加砂，如果砂堵严重还要进行反复洗井。

（2）裂缝中砂堵

裂缝中砂堵是指在泵入砂液一段时间后，各方面都稳定时，泵注压力突然升高造成的砂堵。当发生这类砂堵时，应立刻调整泵入量，同时降低泵入的砂液量，此时如仍不能解除砂堵，则应马上将砂液换成顶替液，以防止井筒内发生砂堵导致压力过高，最终导致施工管柱断裂。

2. 砂堵的影响

砂堵主要会造成以下影响。

第一，在压裂过程中如果发生砂堵，并且没有及时采取相应的措施就会造成施工失败，不能形成有效的裂缝，达不到改善储层的目的。

第二，施工中发生砂堵，施工压力会急剧上升，如果处理不及时容易对管线造成严重的伤害或导致管柱报废，更为严重的会造成施工事故，造成生命财产损失。

第三，施工过程中发生砂堵，将导致压裂液和支撑剂的浪费。

第四，如果在井底沉砂，欲重新压裂或开井生产，必须要冲砂，增加作业成本。

第五，发生砂堵后，压裂液不能及时排出，将会污染油层，最终降低增产效果。

3. 砂堵发生的原因分析

砂堵发生的原因有很多，主要原因是压裂液的大量流失或人工造缝不足，其他原因还有压裂液本身性能不达标、设备本身因为磨损或使用时间过长而导致故障等。下面结合实践经验，对造成砂堵的各种原因进行详细分析。

（1）压裂液的大量流失和人工造缝不足

造成压裂液流失的原因有很多，如地层的渗透率高、地层本身存在较大的孔隙、压裂后出现较多微裂缝等。

人工造缝不足，导致携砂液提前脱砂，最终发生砂堵。储层较薄、地层致密则是造成造缝不足的主要原因。

（2）压裂液本身性能不达标

如果压裂液不能耐高温，当遇到地层实际温度较高的情况时，施工过程中则会发生压裂液破胶，导致砂堵；如果压裂液的抗剪切性能较差，当施工过程中流速过大时则会发生脱砂，导致砂堵；如果压裂液的增稠剂和胶联剂性能不达标，携砂液会提前脱砂，造成砂堵。

（3）压裂施工设备故障

如果压裂施工设备发生故障或出现刺漏等现象，压裂施工过程中无法处理，导致施工被迫中止，这样就会使管柱内还没有进入地层的支撑剂在井底堆积，造成砂堵，一般这种情况发生重大事故的风险较高。

4. 控制砂堵的方法

第一，控制砂堵的最直接有效的方法是选择各方面性能优秀的压裂液。好的压裂液应该具有较强的携砂能力、较好的抗剪切性能、较高的耐温性能、较好的降滤失性能和较低的摩阻这五个特点。

第二，对于压裂后产生的微裂缝，可以在泵入压裂液之前泵入混合陶瓷粉末的试剂，该试剂能够添堵因压裂而产生的微裂缝，进而避免压裂液的流失，最终有效地控制砂堵的风险。

第三，控制砂堵就要尽量避免近井筒效应的发生，避免近井筒效应就要尽量控制射孔的相位，使相位角越小越好，这就需要在射孔设备上做出突破，改善射孔技术。

第四，控制砂堵的重要一环就是压裂施工参数的选择。一组合理的压裂施工参数应该综合各方面的研究，包括地质分析、压裂微型实验等，最后再结合临近井的施工情况，最终得到的压裂施工参数才是最合理的。

第五，控制砂堵除了要在泵入压裂液前做好准备，还要在压裂施工过程中做好监测工作，及时反馈现场情况，针对各种情况采取相应的措施。

（三）支撑剂回流风险及控制

对水平井实施压裂施工后能够持续地增产，主要是靠支撑剂的作用。由于支撑剂支撑了压裂后形成的裂缝，从而阻止了裂缝的闭合，最终形成的通道具有出色的导流能力。

但在实际的施工过程中，支撑剂经常出现回流的现象，该现象主要有两种情况：一种是支撑剂混合在压裂液中，随着压裂液的返排回到井筒中；另一种是被流体带到地面或管线中。有时回流的支撑剂能够到达总量的 20% 以上。支撑剂的回流不仅会影响压裂的增产效果，还会给油气井的开发和运输带来不便。

1. 支撑剂回流的原因

支撑剂在裂缝中所处的环境较为复杂，因而受力状态也十分复杂，施加在支撑剂上的力不仅多，而且不稳定，其中任何一个力过大都会使支撑剂进入受力不平衡的状态，被流体从裂缝中带出。

一般而言，发生支撑剂回流的原因主要有以下五种。

①压裂后形成的裂缝较宽，裂缝下部的支撑剂因重力作用被夹紧，而上部支撑剂很难被夹住，这样上部未被夹住的支撑剂会随液体回流。

②井筒附近的裂缝较宽，而且裂缝吻合度较差，导致人工裂缝不能有效地阻隔支撑剂，所以在排液或生产时会带走支撑剂。

③在裂缝未完全闭合的情况下就进行排液，此时支撑剂没有紧贴裂缝的壁面，所以当液体返排时支撑剂被轻易带出。

④如果裂缝的闭合压力较大，而选择的支撑剂强度较小，容易导致支撑剂破碎，发生回流。

⑤虽然支撑剂被裂缝夹住，但种种原因造成裂缝内的压降超标，或裂缝过宽、排液或生产的流体黏度较高，使得裂缝对支撑剂的压实力及支撑剂间的摩擦力不足以克服其他力的作用而随液体一起回流。

在上述几种情况中，前两种情况比较难控制，因此一般不做考虑。第三种情况是支撑剂本身的原因，所以可以通过选择质量较好的支撑剂来进行控制。第四种情况可以通过增加排液的时间来避免。一般而言，研究支撑剂回流的影响因素都是研究第五种情况下的影响因素。

2. 支撑剂回流的危害

第一，支撑剂回流将导致裂缝支撑情况变差，支撑裂缝宽度减小，导流能力降低，降低增产的效果和有效期。

第二，支撑剂回流可能给井下设备造成很大损坏，出砂量大还可能造成井底沉砂或砂埋产层等严重后果。

第三，如果支撑剂回流并随油气一起产出，会给生产管柱、阀门和地面装置及输油气设备造成很大的冲蚀，影响油气井的正常生产或油气的集输。

3. 支撑剂回流的影响因素

大量的施工实践表明，支撑剂回流最主要的影响因素是流体的黏度和返排速度、助排措施、压后井的工作制度、裂缝的宽度、闭合压力。

（1）流体的黏度和返排速度

流体的黏度越大导致压裂梯度越大，进而造成流体的流动阻力增大，也间接增加了支撑剂回流的动力。裂缝中渗流速度与返排速度成正比，当返排速度大到使渗流速度突破层流范围时，就会使流体在流动时产生较大的流动阻力，也会间接地增加支撑剂回流的动力。

（2）助排措施

有些油气藏地层压力较小，对这类油气藏进行压裂时，废弃的压裂液无法自动排出，这就需要人工助排措施。如果使用到抽汲这样的助排工艺，而且抽汲力度较大时，会导致井底压力瞬间变大，使油气井瞬间出砂，从而造成支撑剂的回流。

（3）压后井的工作制度

压后开采时，一旦配产不合理，开采液体的流速升高，就会使井底压力产生较大波动，造成油气井瞬间出砂，导致支撑剂回流。同时，如果在开采过程中随意地开关生产，也会使井底压力产生波动，造成支撑剂回流。

（4）裂缝的宽度

研究发现，当裂缝宽度远大于支撑剂粒径（一般以裂缝宽度与支撑剂粒径的比值是否超过 6 为依据）时，更容易造成支撑剂的回流。而裂缝的宽度与地层的弹性模量有关，一般弹性模量越小的地层越容易形成越大的裂缝，因此对这类油气藏进行压裂时需格外注意。

（5）闭合压力

当闭合压力过大，且超过了支撑剂的强度极限时，支撑剂会被裂缝压碎，造成回流。这类影响因素主要还是看支撑剂本身的性质，因此在选择时要选择强度较大的支撑剂。

4. 控制支撑剂回流的措施

在实际的压裂施工过程中，支撑剂的回流是不可避免的，只能将支撑剂回流的程度降到最小，无法做到让所有的支撑剂都不回流，因此控制支撑剂回流的关键是阻止已经被压实的支撑剂发生回流。

支撑剂的回流主要发生在压裂液的返排和压裂后开采生产两个过程中。这两个过程中都有液体排出，因此控制支撑剂回流的重点是降低支撑剂回流的动力或增加支撑剂回流的阻力。以下对这两方面做详细论述。

（1）降低支撑剂回流的动力

降低支撑剂回流的动力主要有以下几种方法。

第一，控制返排速度并合理使用强制裂缝闭合工艺。控制返排速度就是控制渗流速度，渗流速度减小，支撑剂回流的动力也会减小。在压裂施工过程中，为了控制储层的污染，阻止支撑剂的下沉，有时会在裂缝没有闭合前使用强制闭合裂缝的工艺，在使用这项工艺时需要格外注意返排速度，如果控制不好极易发生支撑剂回流。

第二，减小井底压力的波动。有些油气藏地层压力较小，压裂液无法自动排出，这类油气井需要用抽汲的方式人工助排。在抽汲时要控制好力度，避免因抽汲力度过大而导致井底压力波动，引发支撑剂回流。

第三，控制压裂液的黏度。可以通过控制破胶剂的量，确保压裂液彻底破胶，同时降低压裂液的黏度，这样做可以间接地控制支撑剂回流的动力，降低支撑剂回流的风险。

第四，制定合理的开采制度。一方面，在生产过程中要控制生产速度，生产速度过快，会使液体流速升高，使井底压力产生较大波动，导致支撑剂回流。另一方面，在生产过程中要严格按照规定操作，不能随意地开关生产，否则也会使井底压力产生波动，造成支撑剂回流。

（2）提高支撑剂回流的阻力

提高支撑剂回流的阻力主要是通过对支撑剂材料的改进来实现的。随着材料科学的发展，人们通过各种方法完善支撑剂，使支撑剂的各方面性能都达到最好，同时还能提高支撑剂回流的阻力，最终达到控制支撑剂回流的目的。

（四）水平井压裂过程中的其他风险

除上述提到的风险，人的因素或物的因素也会使压裂过程存在风险。

1. 人的因素

工作人员的现场经验对施工有重大影响。例如，在配置工作液时，工作人员对水质的判断不到位，有可能导致工作液性能不达标，结果造成压裂失败，浪费人力物力；或者工作人员未能清洗干净用于储放压裂液的液罐等，将各种杂质、锈、垢等带入地层也可能造成地层污染或压裂液性能变差。同时，现场施工中能否按照施工设计要求加入相应比例的添加剂等也可能对液体性能等造成很大的影响。是否按照施工设计的砂浓度进行加砂也会对施工造成很大影响，砂浓度过大可能导致砂堵而造成施工失败。此外，在下压裂管柱的时候，管柱深度计量失误，卡点位置不对等也会造成施工失败。

2. 物的因素

这里提到的"物"主要包括各类机械、储油罐、设备。例如，在进行压裂时，设备的连接处因连续转动而松动，同时连接处不牢、密封圈失效等都会在压裂过程中造成刺漏。出现这类事故后如果处理不及时则会妨碍施工，更严重的还会给工作人员造成伤害。另外，工具使用时间过长导致零件磨损、传感器失效、设备强度下降等容易导致管柱断脱，最终使压裂施工失败。

（五）水平井压裂的职业健康、环境风险及控制

对低渗透油气藏进行压裂施工是为了尽可能将地下的油气资源全部采出，取得更好的效益。但是，必须以生态环境不被破坏为前提，更要保证人的生命和财产安全。21世纪，我国对经济的发展提出了新的要求，不再是"又快又好"，而是"又好又快"，可以看出我国对生态环境的重视，因此研究水平井压裂中的职业健康、环境风险以及控制这些风险的方法具有现实意义。

1. 水平井压裂中的职业健康及环境风险

第一，施工作业的安全风险。由于在压裂施工作业时，遇到较高压力的情况较多，所以容易存在诸如刺漏等安全事故风险。

第二，入井材料引发的职业健康风险包括以下几方面内容。

①粉尘：主要是指固体添加剂，包括植物做成的胶粉、碱粉等。这些粉尘被人体吸入后容易产生类似尘肺的职业病。这种疾病易引发结核病，对人的健康造成不小的危害。

②液体或蒸气：包括 HCL、HF、CH_2O、CH_3OH 等具有腐蚀性或毒性的液体及其蒸气。

③固体：诸如 Na_2CO_3、NAOH、KOH、Ca（OH）$_2$、CaO、NH_4Cl 等固体盐，人体长期接触会对身体造成伤害。

第三，环境污染的风险。水平井压裂施工作业中产生的各种废液在排放前如果不进行处理或处理不当，会给环境带来严重的破坏。

2. 水平井压裂中职业健康、环境风险的控制方法

第一，加强对设备的监管，定期检查维修。使用设备前先进行压力测试，确保设备完好再进行施工。施工时应严格按照操作流程操作，坚决杜绝违规操作。

第二，改良工艺，以减少工作液的污染物排量；对污染物进行隔离；对于粉尘污染物可以加湿处理。污染物较多的地方用机器代替工人，避免工人长时间暴露在污染物中；如需进入必须佩戴呼吸防护用品。粉尘或气体污染源要加强通风。如需接触液体或腐蚀性的固体，必须按规定穿着橡胶手套、防护服等保护用品。

第三，加强对施工者的安全教育，树立正确的安全观，让安全成为一种习惯。

还应加强紧急情况下的应对方法训练，在发生危险时能从容面对，制订并实施各种安全预案，以应对突发危险。

第四，加强对废液的排放管理，所有废液一律经过合理处理后才能排放，保证生态环境不被破坏。

第二节　水平井水力压裂施工

一、水平井水力压裂施工工序

水力压裂现场施工主要分为施工点钻孔、压裂段封隔、高压泵注水、压裂段起裂、保压注水五道工序，整套施工系统由钻机、高压泵站、供水软管、注水管、封隔器等装备组成。

在压裂施工初始阶段，由于封隔段的体积有限，压力将会快速上升，流量的变化为沿程管路的总体积与封隔段体积之和。待封隔段水压超过储层抗拉强度时，储层破裂产生宏观裂缝，此时的管路水压会有所下降。主裂缝扩展的同时伴随着次生裂缝产生，形成新的空间容纳高压液体，继而进入施工的保压注水工序，此时流量呈平稳上升状态，宏观裂缝不断延伸，压力呈周期性锯齿状变化，小幅度交替上升下降，确保顶板岩层充分软化和弱化。施工曲线将直观地反映出施工过程中的一些特征，结合压力、流量参数的曲线图像可以让施工人员掌握施工进程、地质条件、设备工况、裂缝延伸进度等，并在出现异常工况或者完成施工时及时采取措施。

二、水平井水力压裂施工设计风险控制及安全管理

（一）水平井水力压裂施工设计风险控制

1.水平井水力压裂施工设计风险的控制原则

第一，要系统、全面、准确地选取压裂设计所需的各种参数。通过油藏数值模拟方法得到优化的水力裂缝参数后，进行裂缝模拟以获取优化的施工参数。该模拟一般用 Stim Plan 裂缝模拟软件进行。

第二，在水平井水力压裂施工设计时要牢记"三个清楚""三个优选""六个准确"。在该标准中，"三个清楚"是指压裂后目的井产生的裂缝形态要搞清楚，压裂施工时用到的具体工艺要搞清楚，该区域压裂施工设计用到的软件特点要搞清楚。"三个优选"是指施工设计软件、入井设备及材料和压裂施工参数的

优选。"六个准确"是指油气藏资料准确、地应力参数准确、井距准确、油气藏物性参数准确、地层压力准确、油井生产数据准确。除此之外，在进行压裂工艺结构优化时要清楚目的油气藏的地质情况、目的井的井况以及该区域普遍使用的施工设备的特点及使用条件。

第三，在编制设计施工方案时要因井而异、贯彻"一井一策"的基本方针，务必要根据压裂施工的实际情况具体分析，及时调整施工参数，制订适合目的井的施工方案，避免"一个方案多次使用"。

2. 水平井水力压裂施工设计风险的控制方法

控制并降低水平井水力压裂施工设计风险的重要手段是慎重选择压裂施工中所需的各种参数，合适的压裂施工参数能够有效地规避水平井压裂过程中的风险。因此，参数优选时要系统全面，不仅要综合考虑施工时的各项影响因素，还要考虑施工对储层的影响，最终实现压后产量和经济效益的提升。

水平井水力压裂施工设计时需考虑的参数主要有施工规模、裂缝长度等。其中施工规模是需要重点考虑的参数，因为它决定了施工成本和开采效率。而裂缝长度是另一需要重点考虑的参数。总体来说，对于低渗透油气藏，裂缝长度越大，产能提高越明显；对于高渗透油气藏，裂缝长度越短越好。相关学者制定了各种渗透率下的油气藏要想获得较大压后产能的裂缝长度标准（见表7-1）。

表7-1　裂缝长度标准

渗透率 /mD	定性评价	要求的裂缝长 /m
0.000 1 ～ 0.001	极致密	1 220 ～ 915
0.001 ～ 0.005	很致密	915 ～ 763
0.005 ～ 0.1	致密	763 ～ 305
0.1 ～ 1	较致密	305 ～ 153
1 ～ 100	常规	153 ～ 61

水平井水力压裂施工设计时需要考虑的其他参数见表7-2。

表7-2　压裂施工设计需要优选的参数及考虑因素和确定方法

参数	考虑因素	确定方法
施工规模	施工成本、压后增产效果、注采井网、裂缝方向等	油藏模拟和压裂模拟
排量	地层吸收能力、施工设备、缝高	微型压裂测试
前置液用量	裂缝长度、压裂液对储层污染	裂缝支撑半长与压开半长比值需达到0.8

参数	考虑因素	确定方法
砂比	压裂液性能、施工设备、现场施工能力	低渗油气藏在 30% ～ 50%
加砂程序	缝宽及导流能力、支撑剂的浓度	高渗油气藏在 50% 以上
顶替液用量	井筒附近的导流能力	起点小、台阶式线性加砂

在具体的施工设计中，压裂施工的规模可以利用油藏模拟器和压裂模拟器分析得到。首先根据所在区域的油田，运用油藏模拟器建立相应的油气藏模型，分别模拟各种缝长下油气藏的产量，总的目标是缝长越小越好，产量越大越好；然后运用压裂模拟器模拟不同施工规模下裂缝的长度，最终决定施工规模。

（二）施工现场的安全管理

1.施工现场安全管理的原则

（1）加强对工作液质量的现场管理

压裂施工能否成功，压裂液起很大作用。因此，在压裂施工过程中要保证压裂液的性能稳定，如果保存不当或配液罐内有杂质则会造成压裂液性能下降。现场施工时必须加强压裂液的管理，可以先取少量压裂液进行试井，试井达标后才能泵入压裂液。支撑剂的质量决定压后效果，质量不合格甚至会造成压裂施工失败。保存不合理，使支撑剂长时间暴露在空气中，发生反应或粉尘颗粒混入支撑剂，会导致支撑剂性能下降，入井后还会污染储层。因此，在现场施工时，和压裂液一样要先测试，测试合格方可入井。

（2）加强操作规程的监督和管理

水平井的水力压裂施工是处在高压力下的作业，风险较高，稍有不慎就可能对生命和财产造成巨大伤害，因此，在施工过程中一定要将安全摆在首位。压裂施工过程中必须严格按照操作规程操作，杜绝一切违规操作，坚持安全第一、预防为主、综合治理的原则。

（3）保证水平井水力压裂施工设计的权威性

水平井水力压裂施工的过程是指由专业的技术人员根据当地的地质情况、生产水平等，结合试井资料设计并制订现场施工方案，因此该方案具有科学性和安全性。现场施工人员必须按照设计的施工方案进行操作，无特殊情况禁止私自改变设计的施工方案。如果现场施工中遇到特殊情况，需要向设计人员汇报，由专业技术人员设计应急措施。

2.控制施工风险的方法

（1）增强对危害的识别与控制技术

在水平井水力压裂的作业过程中，要随时对存在的风险进行专业评估，并采取相应措施，尽量降低安全风险。同时要按照施工方案合理安排施工，要保持逃生通道的顺畅，在各个地方要设有明显的警示牌，时刻提醒工作人员注意安全，防止安全事故的发生。对于施工设备要进行定期检查，加强对设备的监管与维修，保证设备时刻处于正常使用状态。一旦发生安全事故，施工人员需要立即撤离施工现场，以免造成更多的人员伤亡。

（2）在施工现场建立监测站

为了有效控制水平井水力压裂施工中的各种风险，随时监测施工程序，保证施工质量，在施工现场建立监测站是控制压裂施工风险的最有效和最直接的方法。水平井水力压裂施工的流程图如图 7-1 所示，其中压裂过程的主要程序都包括在内；水平井水力压裂施工过程中所有必须严格监测的参数见表 7-3。

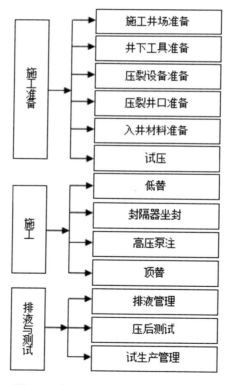

图 7-1　水平井水力压裂施工的流程图

表7-3　水平井水力压裂施工过程中所有必须严格监测的参数

类别	参数
管柱、压裂工具	管柱的尺寸、强度、数量、单根记录，压裂工具的尺寸、封隔器位置等
压裂液	总体积、基液黏度、酸碱度、交联能力、破胶时间
支撑剂	总体积、粒径大小
施工参数	油压、套压、排量、加砂浓度、破胶剂加量、顶替液用量等
排液	所需时间、平均速度、总体积
测试生产与试生产	两者的工作制度

为提高水力压裂施工的成功率和有效率，可运用现代安全管理学理论中的质量管理方法管理水力压裂施工的全过程。首先统计导致压裂失败原因发生的频率，其次运用因果图法，分析压裂失败的原因。

（3）运用人因工程学理论与方法

据统计，在美国的7万多件施工事故中，接近90%是由于人的不安全动作造成的。人的操作动作是一个复杂的行为，很容易受到各种因素的影响，最终因操作失误造成生产事故。为此，需要运用人因工程学理论深入研究，从人的因素、物的因素、施工环境和安全管理等方面分别提出相应的控制措施。

①人的因素。首先要做的是营造一种和谐、认真的施工氛围，使操作者在心理和生理上处于放松且专注的状态。鼓励施工者互相监督、互相提醒，坚决杜绝任何违规操作，施工时必须佩戴防护用品。提高操作者的安全意识水平，使操作者具备识别风险和处理风险的能力。

②物的因素。这里提到的"物"主要指压裂施工设备，把好施工设备质量关，选用安全可靠的设备，并对其定期检修。施工设备的信号指示要清楚醒目，避免因信息获取不及时或识别有误而造成操作失误；操作部件要符合人机工程学。

③施工环境。控制施工环境内的温度、亮度、噪声等，使之保持在舒适的程度，让操作者处于舒适的施工环境。

④安全管理。加强对操作者的安全教育工作，提升操作者的安全意识。加大安全检查和管理的力度，完善安全生产规章制度。落实奖励和惩罚措施，加强现场施工的监督。科学合理地安排操作者的作业和休息时间，避免疲劳作业、带病作业。

在压裂施工过程中，通过综合考虑以上四点，可以有效控制人为失误，降低风险，提升压裂施工的成功率。

三、水平井水力压裂主要设备及工艺优化

水力压裂施工需要两个关键设备，即切槽刀具和封孔器；切槽刀具的作用是在压裂钻孔内特定的位置沿着钻孔径向开设一条一定宽度的切槽，切槽主要作用有：为压裂提供自由面，减小起裂压力；使水力裂纹在起裂后沿着钻孔径向方向扩展一定距离。封孔的作用有：使整个压裂管路达到密闭空间，从而使高压水的高动能不致衰减；防止压裂过程中发生"冲孔"现象。现有的工艺设备水力压裂效率不高。所以，针对这两个关键设备进行优化，是整个压裂工艺优化的重点。

以往水力压裂设备存在一些不足：一是多采用手动泵，操作烦琐，效率较低；二是切槽工具需要反复推进，影响切槽效率；三是人为推动钻杆，费时费力，另外需要使用防冲装置，容易出现脱落事故，存在危险性。下面针对这两种主要设备及工艺优化进行具体分析。

（一）水力压裂切槽装置优化

水力压裂产生的裂缝称为水力裂纹。它是指在应力作用下岩石内部产生微裂缝或微凸体，从而引起岩体强度降低、变形增大以及破坏等一系列现象的统称。其成因与岩石本身性质有关，也与地质构造条件密切相关。水力裂纹分为轴向水力裂纹和径向水力裂纹两种。制造轴向水力裂纹时所使用的射孔技术在前面已经有所介绍，这里就不再过多赘述，而径向水力压裂与之类似，之前通常在压裂孔内部开凿一系列人造径向切槽作为水力裂纹的起裂弱面，以达到降低起裂压力、促进水力裂纹径向形态断裂的目的。

我国现有的常用切槽工具采用机械旋转的方式，利用当切槽刀具顶部接触到压裂孔底部时所伸出的切槽刀片在压裂孔内部进行径向切槽。

这种切槽刀具存在较多问题。其一，使用该切槽刀具时需要先用普通钻头进行钻孔，钻孔结束后将普通钻头换成切槽钻头进行切槽，切槽工序结束后再换成普通钻头继续掘进一段距离。该刀具使用步骤过于烦琐，工作效率低下。其二，由该切槽刀具的工作原理可知，当切槽刀具顶部与压裂孔底部之间产生物理接触时，切槽刀片就会伸出。在现场试验中，当压裂钻孔较长时，可能会发生切槽刀具顶部还未推进至切槽位置时就已经与压裂孔孔壁产生物理接触，此时切槽刀片伸出，会造成卡孔等现象，导致切槽位置不准确。

有学者针对现有常用切槽工具存在的问题和不足，提出了一种新型高效切槽工具——液压机械组合钻径向切槽装置，它具有体积小、重量轻、加工精度高以及可实现自动进刀等优点。通过分析其工作原理和结构特点，并将其与传统切槽

方法进行比较，得出：液压机械组合钻径向切槽装置可以解决现有常用切槽装置推进时容易卡孔和切槽时需反复退出、推进钻杆及更换钻头的问题，具体内容见表 7-4。

表 7-4　优化后切槽工具解决的问题

序号	解决的问题
一	推进时容易卡孔和切槽时需反复退出、推进钻杆及更换钻头
二	在切槽装置推进至预设切槽位置过程中切槽刀片不会过早伸开阻碍切槽装置的推进
三	在正常钻孔掘进工序结束后无须反复退杆更换切槽装置即可在压裂孔内制造出多个径向切槽

对于液压机械组合钻径向切槽装置而言，主传动轴的前端布置有主级弹簧；次传动轴的前端布置有次级弹簧；次级弹簧与外壳主体之间布置有密封的 O 形密封圈；外壳主体的一侧外壳尾部内为轴向中空结构，中空部分形成高压水进水道；主传动轴靠近次传动轴的一端两侧设置有斜向刀槽，切槽刀片通过固定销设置在斜向刀槽内；高压水进水道和高压水出水道的直径均大于导水道的直径，高压水水压能有效地作用于次传动轴，然后驱动切槽装置的内部构件移动，保证切槽刀片伸出切槽装置，结合钻杆的转动，利用逐渐延伸的切槽刀片在钻孔内进行径向切槽；普通掘进钻头通过连接头与外壳主体螺纹连接；外壳主体与外壳尾部用螺纹连接，外壳尾部通过钻杆与钻机和高压水泵连接；斜向刀槽共有两个，分别开在主传动轴端部两侧。

使用时，切槽装置尾部的外壳尾端使用螺纹连接方式按顺序连接钻杆、钻机和高压水泵。正常掘进时，该切槽装置和钻杆内部采用常压水供液，此时切槽装置内部各级弹簧处于初始非变形状态，切槽刀片从切槽装置内部回收，钻机使用放置在切槽装置一侧的普通掘进钻头操作。当钻孔掘进预先设定的切槽位时，增加高压水泵的供水流量，增加钻杆和切槽装置内水压。当需要对钻具进行维护保养或更换新钻具时，打开高压水罐上的阀门即可向高压水中添加新液，并将钻杆从高压泵中抽出；待钻杆完全拔出后关闭阀门。高压水驱动切槽装置内的次级传动轴沿切槽装置轴线移动到切槽装置顶部，挤压二次传动轴前部的二次弹簧，通过挤压主传动轴前部的主弹簧，进一步推挤主轴，使切槽刀片逐渐凸出。同时利用螺旋传动原理使钻头旋转切削岩石。结合钻杆的旋转，通过逐渐膨胀的切槽刀片在钻孔内切割沟槽。

切槽后，减少高压水泵的供水流量，降低钻杆和切槽装置内水压，使主级弹簧和次级弹簧恢复到原来的压缩非变形状态，并将一级和次传动轴驱动器沿切槽装置轴线向下推至切槽装置的底部，将切槽刀片循环进入切槽装置。当钻头在切割过程中出现卡齿或卡钻现象时，通过旋转驱动机构控制切槽电机工作，对切槽装置进行反向转动，实现对钻头体与刀杆之间间隙的调整。重复上述步骤，并将孔钻入下一个预设的槽位进行下一个切槽处理。

综上，该液压机械组合钻径向切槽装置的优势：一是在将卡盘切槽装置推进到预定槽位的过程中，可以避免因刀片过早伸出而造成卡盘孔的现象；二是无须在切槽过程中反复退出、推进钻杆及更换掘进钻头，可以实现钻孔和切槽工序的一体化施工。与现有技术相比，该装置提高了切槽效率和切槽稳定性，减少了切槽工序耗费的时间和人力成本，从而达到提高水力压裂放顶效率的目的。

（二）水力压裂封孔装置优化

水力压裂封孔工艺共经历了三个阶段的发展。最初阶段，即第一代水力压裂封孔工艺，采用两套单独的供液系统，分别使用手动泵对封孔胶囊施加膨胀压力和使用压裂泵对膨胀后封孔胶囊之间的间隔施加水力压裂所需的压力。在现场工业试验前，需要先实现水力压裂封孔工艺第二阶段和第三阶段的发展。其中，水力压裂封孔工艺第二发展阶段的优化成果使整个压裂工艺不再需要手动泵（工人劳动力）单独为封孔胶囊施加膨胀压力；而水力压裂封孔工艺第三发展阶段的优化成果实现了封孔和压裂两个工序的一体化作业，开启压裂泵后无须额外操作，即可完成封孔和压裂两道工序。

原水力压裂密封装置由膨胀密封设备和注入压裂装置两部分组成，膨胀胶囊注入压裂装置首先用手动泵将膨胀密封设备的两个膨胀封口填满，然后将高压水注入注水设备，通过两个膨胀胶囊的间隙将高压水注入资源层。这套水力压裂密封工艺集成性差，灌装水箱需要两套注水设备，如果使用一套，需要连接膨胀密封设备，然后需要拆卸注水设备并连接注水压裂设备进行灌装，体积庞大，运行效率低。为了克服现有设备的不足而导致水力压裂放顶效率较低的问题，现提供一种只需一套注水设备并且操作方便快捷的封孔压裂一体化装置。

优化后的封孔压裂一体化装置由注水管、前置胶囊、后置胶囊和四通管组成。其特征在于：所述前置胶囊为球形或半球状；后置胶囊由一个半球型的壳体以及置于壳体内并能上下运动的活塞组成。其中，前置胶囊与后舱相连，后置胶囊与后舱之间的间距封装在注入管外，四通管包括第一阀门、第二阀门、第三阀门，第一阀门连接注水管，第二阀连接前置胶囊和后置胶囊，第三阀是泄压阀门。

具体而言，前置胶囊和后置胶囊构成封孔设备，发挥注水管注水压裂设备的作用，封孔设备和注水压裂设备通过四通管接成完整的结构。整个系统由两个独立的部分组成：前置胶囊与后置胶囊通过四通管和压裂结构连接成完整结构，并可根据需要进行更换；注水井将水注入其中；压裂液从注剂口进入井下。在封孔压裂作业中，只连接一个注水设备，通过在四个管道中的每个管道中打开不同的阀，将水注入注水压裂设备中。

优化后的封孔压裂一体化装置结构完整，可通过单台高压水泵连接完成封孔压裂和注水压裂作业，通过在四通管上开闭阀门，完成整个操作过程。通过对该封孔器进行有限元分析计算发现其应力分布均匀合理，满足使用要求。此外，前置胶囊和后置胶囊为一体结构，不容易分离，密封时可保证气密性。

（三）水力压裂封孔工艺进一步优化

前面在对传统水力压裂封孔工艺进行优化的基础上，给出水力压裂封孔工艺发展阶段的优化结果，实现了封孔和压裂两个工序的一体化作业，开启压裂泵后无须额外操作，即可完成封孔和压裂两道工序。关键设备的改进是以现有封孔装置的缺点为依据的，现有封孔压裂工具的缺陷见表7-5。

表7-5　现有封孔压裂工具的缺陷

封孔压裂工具	缺陷
可重复使用的多段水力封孔压裂装置	①每次压裂需使用多套封孔装置，增加了压裂成本 ②任何一个封孔装置的失效，例如，胶囊部件的破损将影响整个封孔工序 ③压裂进行时，极有可能并非如预期那样在每个封孔段内对煤岩体同时展开压裂，而是仅仅在某个或某几个较为破碎或强度较低的压裂段展开压裂，因此，该压裂装置现场适用性较低
一种新型水力压裂封孔器	①部分技术无法去除高压胶管这一封孔部件 ②部分技术缺乏现场可行性，仅能进行单封型水力压裂

针对现有技术的不足，有学者提出了一种双封压裂一体化水力压裂装置，它可以克服高压胶管的缺点，部分技术仅能实现单封型封孔压裂一体化作业。

双封型封孔压裂一体化水力压裂装置将外部注水管接头通过高压钻杆或高压注水管与水泵连接，启动水泵后，压裂液首先经过后置高压注水钢管出水孔和前置高压注水钢管出水孔进入后置胶囊空腔和前置胶囊空腔，分别使后置胶囊和前置胶囊膨胀，完成封孔；水压上升到一定程度后，压裂液推动钢珠和限位弹簧，使其通过水力压裂出水孔进入钻孔内的水力压裂段进行压裂，实现双封型封孔压裂一体化作业，从而达到了去除高压胶管的目的。

第三节　水平井压裂技术分析

一、限流压裂技术

限流压裂技术的工艺原理是通过对孔眼的尺寸、射孔深度以及泵注排量进行优化，通过泵注排量提高井底压力，达到破裂压力后，实现多孔段同时压开，让多条裂缝同时延伸。

限流压裂技术具有施工周期短、技术简单、无须下入工具并可形成多条裂缝改造的优点；但不能用于非套管完井的井型，针对应力差异较大的储层改造效果将会很差，多条裂缝的延伸也不均衡，达不到理想的增产效果，产量较大的储层在生产后期容易因流速过快而出砂。

二、分段压裂技术

欲将水平井所通过的不同应力储层进行短时间内较好的改造，形成多条优化裂缝并实现快速返排求产，需要采用合理且有效的压裂工艺技术，在此背景下，分段压裂技术成为水平井压裂技术的主流。

常用的水平井分段压裂技术有以下三类。

（一）化学隔离分段压裂技术

施工流程为由井筒的末端改造层开始，进行逐级改造，首先射开前一段目的改造层后用油管进行压裂改造，压裂完成后进行填砂并加入黏稠完井液，形成液体胶塞实现压裂井段与未压裂井段的隔离，然后依次对所有改造层段进行压裂。

（二）机械封堵逐层压裂技术

机械封堵逐层压裂技术的工艺原理是利用封隔器的作用对水平井水平段进行分层后实施压裂。在施工过程中要根据油层纵向分布特点以及排量要求，使用多个封隔器将压裂目的层位分成不同的独立单元，再依次进行分段压裂。封隔层段是为了能够实现不同层段的单独裂压，也要确保生产需要时实现多层段的压裂。

（三）水力喷射分段压裂技术

水力喷射分段压裂主要分为射孔和射流破碎 2 个阶段。利用该技术能精准控制水平井压裂缝隙位置，尤其对于裸眼完井的低渗透水平井而言，是一种最有效的压裂增产对策，在低产水平井的更新改造、提升增产中具备比较明显的优点。该技术的主要优点如下。

①基于流体力学原理对裂缝进行封堵，使得只能封堵指定位置，而该位置以外的裂缝不能重新封堵。建议采用动态防水，不需要机械或化学防水，避免施工过程中机械和化学防水的潜在操作风险，施工风险低，操作也比较简单。

②喷砂破碎结合了喷砂，简化了操作和施工过程，大大节省了施工时间，提高了压碎工作效率。

③注水裂缝实现了下一条管道的多级破坏，缩短了施工周期，减少了管道频繁驱动对储层造成的破坏，提高了储层开发的经济效益。

④注水裂缝适用于所有修井方法，特别适用于不能机械封闭的裸井和水平筛井。

⑤与常规穿孔技术相比，水力喷射分段压裂技术具有孔大、孔深、耦合裂纹好、可充填量大的特点；同时，水渗碳形成的油井不受压缩作用影响，降低了近井应力的集中。在油井附近的污染地区钻探深井，增大了排水面积，提高了油井产量。

⑥采用双流泵系统进行液压喷射计算，可有效解决洗砂问题。

第四节　水平井压裂技术的应用

一、水平井压裂具体技术的应用

（一）限流压裂技术的应用

在完井压裂技术中会存在限流压裂技术，这种技术的应用主要存在于还没有进行射孔的井中。例如，可以采用这项技术开展低渗透油田的开发，而通过使用该技术可以使油田开采项目中的注液量加以放大，并且在注液量扩大的同时也可以有效从直径和数量上对射孔加以控制，这样的方法主要是希望可以使油井井底的水压逐步上升，从而达到在所有层块上均可以对注液量实现大量分流的目的。另外，当限流压裂技术用于低渗透油田时，也可以在油井井底压强大于土壤岩层裂缝压强的前提下使裂纹产生在层块上。

（二）化学隔离分段压裂技术的应用

化学隔离分段压裂技术一般是针对无法对机械封隔器的套管井加以利用而提出来的。具体到实践中，则可以采用这种技术对低渗透油田进行开发，而在此过程中，重点是对开裂的各层管依次进行射孔，然后再将这些层段进行隔离，在隔离过程中主要利用的材料是液态胶塞、沙子等。对这些工序施工完毕后，还需要将这些材料冲开，之后再进行合层排液。这项技术同样不需要使用工具，而且安全性能较高。

（三）机械封堵逐层压裂技术的应用

机械封堵逐层压裂技术，主要利用封隔器对井段进行分层压裂。

在具体的压裂过程中，技术人员要根据油层分布和位移需要，对裂缝目标层进行间隔的封隔覆盖，之后进行逐步的压裂操作。中断范围可以是独立的，也可由多个中断范围组成。封隔目标层既是为了实现不同区域的隔断，同时也是为了保证正常生产的需要。在施工中，当目标层在水平井内被两个封隔器压缩时，称为双板裂层破裂。封隔器间压缩多个目标层时，要结合多种技术进行施工，如使用限流压裂技术和球塞法压裂技术。在水平井施工中，如空间数量多，且纵向空间比较大，限制了施工现场位移，则管柱应压裂制成分层段进行操作，并采用限流堵孔技术进行施工。

（四）水力喷射分段压裂技术的应用

水力喷射分段压裂技术是一种集射孔、水力压裂、封隔于一体的新型增产技术。该技术通过特殊套管爆破和岩石成孔等手段产生高速流体。工作面流体压力大于破裂压力，形成单向主裂纹。实际施工中会泵送少量的橡胶液，若确定载体溶液与喷嘴之间的距离，则孔数会迅速增加。在注塑成型、密封圈关闭几分钟后，根据密封圈的设计性能或最大密封圈压力下的最大允许泵速，从密封圈中去除橡胶。此时应根据设计排砂量和磨管内砂浓度对混合砂进行破碎。第一次研磨后，调整钻具，使喷嘴对准下一次挤压和喷射研磨的位置，然后进行分级研磨。根据需要，在不同裂缝尺寸的水平井中，可通过单根管线进行水力浇筑，并可以精确控制水平井的水力裂缝位置。

目前，水力喷射分段压裂技术被广泛应用，具体来讲，可用于水平井完井和钻井，建筑安全性高，施工时间短，此外，还具有钻孔时间短、储层损坏率低、无须机械封隔的特点。

二、水平井压裂技术应用的优化策略

（一）完善水平井压裂配套工艺

在应用水平井压裂技术时，要想进一步增强其技术能力就需要有完善的配套工艺。在开展分段压裂的过程中，就需要先对射孔参数进行设计，并以此为基础进行油田开发，把排量与冲击、压力之间的递进联系加以精确，孔眼也按照对排量的要求来选取，这样才能在"摩阻性"方面进行平衡。

另外，为了使配套工艺更加完善，还需要在分段压裂设计中满足多层次、双循环的要求，并把预测模型设置在水平井内。

（二）裂缝间巧优化

要根据实际情况确定裂缝之间的距离。如果裂缝距离太小，则在膨胀中，裂缝会相互干扰，导致预期的裂缝失效，影响油井爆破的效果。裂缝间距过大，裂缝地层不能有效提取，则会影响储量的提取程度，导致储量流失。在两倍裂缝间距处取排油量，可以避免裂缝干扰。为模拟开发效果，需要采用裂缝建模，从而得到了不同裂缝的总产油量曲线。研究发现，当距离裂缝间距为 60 m，裂缝有障碍物，总产油量低，此时的产油量相对稳定，总产油量因距离过大导致储量损失增加。此外，在井段布局中优化裂缝注水、破裂等增产措施是必要手段。

随着压裂技术的不断提高和规模的扩大，水平井改造增加，导致裂缝连接范围扩大，与油井相连的裂缝严重泛滥。为了避免此类情况，在优化水平井裂缝间距时，应关注该区块结构特点，合理选择裂缝间距和注水井间距。如果裂缝需要避开注入井，则应将距离设置在 100 ~ 120 m。根据相关研究，水平井采用阶梯式破裂时，在相同的裂缝下，裂缝中部越长，产量越好。当一半的裂缝长度超过 180 m 时，单井产量的增长会减慢。由于破层和加砂片的技术因井而异，对于断层的导流也各不相同，因此要具体分析水平井产能随裂缝在不同导流下的变化。考虑到压裂成本，水平井人工裂缝长度应在 150 ~ 200 m。

第五节　水平井压裂技术前景展望

一、分段压裂技术深入推进

未来水平井压裂技术的改进，主要侧重在分段压裂方面。

连续油管压裂技术是一种新的开采技术，具有效率高、安全性能高的优势，能够提高开采经济效益。连续油管压裂技术能够快速起下压裂管柱，操作流程简单，能够在欠平衡条件下作业，从而减轻或避免对油气层的伤害，能提高各个小层的改造程度，增产提效。

除了改进分段压裂技术之外，还应推出高性能的压裂液。高性能压裂液的出现，能够降低压裂过程中对地层造成的损伤。未来压裂液具有低污染的特性，对地层造成的伤害能够降至最低。同时伴随着压裂液的创新，还会创新出新的技术，如超稳定长效破胶剂技术以及无滤饼或是滤饼能够降解的技术。这些技术的发展，都能够推动油田开采的可持续发展。

二、水力压裂参数自动监测技术深入发展

自动化监测将代替传统的人工监测。在施工过程中，工作人员可以远离高压泵站与钻机等危险设备，降低管路泄漏、封孔反冲等异常情况对人员的损伤风险，进一步提高施工的安全性，这对于越来越重视安全生产的井下作业具有重要意义。

下面通过监测施工数据，结合顶板岩层的变化情况，总结成功的经验和失败的案例，进行水力压裂参数监测系统的设计与分析，为将来进一步完善井下水力压裂施工评价体系做好数据的积累。

（一）水力压裂参数监测系统硬件的设计与实现

根据水力压裂参数对水力压裂效果的影响，研发一套水力压裂参数监测系统，该系统旨在实现水力压裂施工过程中压力、流量数据的实时测定。根据压裂过程中裂缝扩展半径计算公式所需参数，展开水力压裂参数监测系统的硬件设计。

1. 明确水力压裂参数监测系统的总体设计方案

水力压裂参数监测系统由监测系统主机和扩展半径解算软件两部分组成，其中监测系统主机安装在施工管路上，进行实时数据监测，获得管路中的压力、流量数值。待施工完毕后，将其带上地面与上位机连接，上位机的扩展半径解算软件用来长期存储主机中的数据，并根据水压裂缝参数的计算公式进行解算。

水力压裂参数监测系统主机正常工作时，由主机芯片根据触控指令，定时向传感器发送数据请求指令，传感器将相关物理量转化为数字信号通过线缆传输至主机芯片，由单片机对信号进行解析与处理。数据处理完成后存储在主机的 Flash 中，待施工完毕升井以后与上位机进行连接，上位机将对数据进行进一步的处理，得到施工后的水压裂缝扩展半径。

水力压裂参数监测系统主机涉及多种功能，按照模块化设计思想对其功能进行划分，为每一个功能设计独立模块，降低耦合度。进行硬件设计时应借鉴经典电路，考虑模块通用性与模块标准化，方便未来对系统主机进行替代升级。

（1）系统功能需求分析

计算水压裂缝扩展半径需在施工管路上安装参数测定传感器，监测井下水力压裂施工过程中的压力、流量参数，记录施工时间。

根据上述要求，水力压裂参数监测系统需拥有以下功能。

①监测系统主机功能，主要包括以下几方面。

a. 具有数据监测功能。实时监测输液管路中的压裂液压力、流量以及防冲卸压装置的油腔压力，主机通过线缆接收传感器返回的数据。

b. 具备数据存储功能。存储施工过程中的数据以及对应的施工时间，保存容量：128 次施工，提供历史数据查询功能。

c. 具备数据显示功能。主机配有液晶屏，将监测数据显示在屏幕上。

d. 具备动态曲线展示功能。施工过程中展示动态曲线，实现数据可视化。

e. 具备数据传输功能。最大一次性将 128 次的施工数据发送到上位机。

f. 供电方式：电池供电。

g. 性能稳定，测量准确。

②上位机软件功能，主要包括以下几方面。

a. 具备数据传输功能。通过串口与主机建立连接，根据约定好的通信协议进行数据通信，可实现单段、多段、全选等多种施工数据传输方式。

b. 具备曲线绘制功能。采集系统主机绘制的动态曲线图应用场景有限，扩展半径解算软件绘制的曲线图便于后期数据库存储。

c. 具备数据处理功能。根据本地数据和计算公式进行裂缝参数分析，得到水压裂缝的扩展半径。

d. 具备历史数据查询功能。能够查看水力压裂历史施工结果。

（2）流量传感器选型

差压式流量计基于伯努利原理，其核心部件为管路中的节流元件，节流元件阻碍管路中流体的流动，造成元件前后流体流速不一致，流体的压力与流速成比例关系，因而在节流元件前后会产生压力差，通过压力差可计算出流体的流量、流速等信息，但差压流量计的测量精度较为普通，且安装体积大，不适用于小管径测量场景；超声波流量计以速度差法为原理，将传感器放置在管路两侧相距一定位置，交替切换发送、接收状态，利用超声波在不同流向的液体中传输速度不同的特性获得传播时间差，由此计算出液体的流速，但是超声波法所用传感器需要夹持在管道外部，因此对于管道材质有一定要求。

井下水力压裂施工过程中的高压管路材质为橡胶软管，管径为 DN20 或 DN25，压裂液为清水，这就导致差压流量计与超声波流量计不适用于该场景，考虑使用涡轮流量计来进行测量。涡轮流量计是一种速度式流量计，其工作原理是当流体通过管路流经涡轮时，在流速加载的冲击作用下，会带动涡轮叶片旋转，且流速越快涡轮的转速越高，在涡轮转动的时候会切割磁电传感器导通后产生的电磁场，根据电磁感应效应可知，感应电动势的大小与切割磁感线的速度成正比，涡轮传感器将流速转化为电脉冲进行监测。涡轮流量计具有高精度、重复性好、无零点漂移、抗干扰能力好、量程范围广、结构紧凑的优点。考虑到井下水力压裂施工处于高压环境，因此，应选用型号为 GLW25 的涡轮流量计。待收到涡轮流量计后，对其进行累计流量功能测试工作。

（3）压力传感器选型

压力监测仪器仪表的核心部件是压力传感器，作为信号转换、测量的最前端，基于不同的作用原理，压力传感器的型号多种多样，目前常用的传感器为应变式传感器、电容式传感器、压阻式传感器等。其中应变式传感器在低压力范围内压力与应变呈线性关系，测量精度高，但是到了高压环境下，弹性元件的应变状态会变为非线性，产生较为明显的误差。电容式传感器的敏感元件为电容，当压力变化时电容值也会产生变化，但是电容式传感器的抗干扰能力较弱，不适用于一些井下复杂的电磁环境。

压阻式压力传感器的工作原理是基于压电效应，对于压电材料，如压电陶瓷等，施加压力的时候，会产生电位差，通过压电材料将压力信号转化为电信号。现在的压阻式压力传感器的敏感元件采用抗腐蚀的陶瓷压力传感器，当受到外部的压力时，陶瓷元件产生微小的变形，在其后方贴有厚膜电阻，与陶瓷元件形成惠斯通电桥，陶瓷元件微小变形产生的电位差与压力值之间存在正比例函数关系，可以通过电压信号计算出准确的压力值。一般来说，压阻式压力传感器的感应电动势量程为 $0 \sim 3.3$ V，经激光标定后，传感器的精度可以保持很久，几乎不会随着时间的流逝而降低，且陶瓷元件受温度影响小，在 $0 \sim 70$ ℃以内几乎没有变形，对于传感介质也没有什么要求，具有安装简单、精度高、适用面广的优点。考虑到可能存在井下水力压裂施工场景高压、大流量、电磁干扰严重的情况，可以选择型号为 GPD60 的压力传感器。待收到压力传感器以后，对其进行测试工作。

（4）关于串口屏的介绍

作为一种集成化的显示控制模组，串口屏同时自带 PLC 处理器或者单片机等，相关厂家在生产串口屏的过程中集成了多种多样的功能，如扬声器、背光显示、数据存储等，对外开放通信接口。对于用户而言，根据屏幕通信以及相应的通信协议便可实现对屏幕的控制，而以相关需求为依据对串口屏进行开发，则可实现对相应功能的设计。串口屏具有多方面的优势，如稳定性较高、开发周期较短、抗干扰能力较强、将来升级方便等，基于此，它适用于多种工作环境。

水力压裂参数监测系统主机显示屏可选用北京迪文科技有限公司的 DMT10768T080 串口屏，该串口屏是基于 T5 双核 CPU 设计的工业级智慧型串口屏，内置 Flash 存储空间大，达到 256 MB，支持用户开发复杂功能交互界面。用户规划好 UI 原型布局和逻辑后，使用 PPT 或 PS 设计 UI 界面图片，可以在 DGUS 平台中新建工程基于界面图片定义显示、触摸区域进行开发，采用变量驱动显示，可直接在上位机预览显示效果，最终将 DGUS 平台工程文件保存到 SD 卡中下载到屏幕中，该方式适合大规模工业化生产。

（5）微处理器选型

51 单片机是 21 世纪初最经典的、最易上手的单片机，但是存在着部分的缺陷，例如，AD 采集、EEPROM 等功能需要扩展，并没有集成在单片机上，增加了软件和硬件的负担；I/O 口输出无力，无法带动一些外设；运行速度过慢，特别是面对双指针环境时；51 单片机的保护能力较弱，很容易烧坏芯片。

而 STM32 单片机则是由 ST 厂商推出的，在设计之初就瞄准了高性能、低成本、低功耗的目标，一经推出便大放异彩。相较于传统的 8/16 位的单片机的寄存器开发烦琐复杂的操作，STM32 所倡导的库函数开发大大降低了学习的门槛与开发周期，开发者只需要调用库中封装好的 API 即可实现功能。一般来讲，可以选取 STM32F103RCT6 作为水力压裂采集装置主机的处理器，利用该处理器驱动压力变送器、流量传感器等，从而实现对水力压裂施工的实时监测功能。STM32F103RCT6 是一种 32 位嵌入式—微控制器，使用 Cortex-M3 内核处理器，频率为 72 MHz，水力压裂参数监测系统主机外接 3 个传感器，显示方案采用串口屏，因此需要 4 个串口用于通信，需要至少 1 个 ADC 模拟数字转换模块用于实现电量显示，数据存储选用 SPI 接口，从配置参数上来说 STM32F103RCT6 满足主机的功能要求。

2. 关键电路设计

电源模块作为电子系统中重要的部件，其可靠性决定了整个系统的安全性，可靠的电源模块是水力压裂参数监测系统主机在井下长时间正常工作的基石，因此在电源模块的设计过程中必须考虑电源的稳定性与安全性。

水力压裂参数监测系统主机应能在井下连续工作 8 小时，持续工作时间不低于 16 小时，因此，主机供电电源可选用 6 节 4 000 mA·h 的 PL145667 锂电池经 2P3S 组成的电池组。

3. 功能电路设计

主板是水力压裂参数监测系统主机的核心部件，主板的核心则是 ARM 微处理器，应围绕微处理器进行功能电路设计，合理分配引脚。微处理器所处模块为主控模块，主控模块负责数据的处理与任务的调度，根据程序执行顺序调用不同模块实现功能。监测系统主机可选择 STM32F103 系列微处理器，通过液晶触控控件对施工参数进行设置。因此，主机功能电路设计主要包含传感器信号电路、屏幕显示电路、数据存储电路。

（二）水力压裂参数监测系统软件的设计与实现

完成水力压裂参数监测系统的硬件研发后，需要进行监测系统软件的设计与实现，水力压裂参数监测系统软件设计分为两部分，分别为水力压裂参数监测系统主机的嵌入式软件设计与处理压裂施工数据的扩展半径解算软件设计，而主机嵌入式软件设计则是整个系统的重中之重，必须对主机程序严格设计。根据硬件原理图对应的引脚调用各种外设进行嵌入式软件开发，实现设计功能。考虑到对数据长期存储和复杂处理的需求，进行水力压裂参数监测系统扩展半径解算软件的设计。

1. 水力压裂参数监测系统软件架构

水力压裂参数监测系统主机嵌入式软件涉及的功能较多，需处理好功能模块的划分与函数的调用。在软件开发过程中注意及时处理多种中断，满足对实时性的要求。相较于使用寄存器开发，用户自行操作底层外设寄存器，对照芯片手册进行代码的书写，使用库函数进行开发则显得方便快捷得多，意法半导体（ST）公司提供了数量丰富的封装库函数，用户只需要将注意力集中在想要实现的功能上，用库函数调用不同的外设进行主程序的开发，就可完成设计功能。

水力压裂参数监测系统井下部可以分为一台主机与三个传感器外设，传感器分别用于监测压裂液累计流量、压裂液压力与防冲卸压装置油压，通过主机定时发送数据请求指令至传感器，轮询获取传感器数据并进行校验后返回主机，由主机 MCU 芯片对数据进行格式处理、本地存储，再发送至串口屏进行显示，让用户可以查看到实时数据与动态曲线。除此之外，系统主机还应包括定时器程序、异常工况报警程序等。

通过扩展半径解算软件可将存储在主机中的数据传输至电脑硬盘，以便进行本地档案存储。上位机扩展半径解算软件的功能包括数据通信功能、曲线显示功能、压裂半径解算功能等。

水力压裂参数监测系统主机上电后会进入复位状态，在此期间硬件外设会处于初始化状态，待执行完相应的初始化代码后，可完成功能单元的配置，如USART 的字节长度、校验位、波特率等。主机系统涉及的外设包括时钟初始化、USART 串口初始化、ADC 模拟数字转换器初始化、存储模块初始化等，需要对其一一进行配置。

2. 数字信号采集程序设计

数字信号采集是水力压裂参数监测系统主机的主板从传感器获取数据的过程，对于水力压裂参数监测系统主机而言，该任务是其中的一项关键功能，在实际使用过程中，必须保证数据请求程序能够正常运行，即保证主板能从传感器准确获取数据，因为一旦数据请求程序出现故障，主板与传感器之间的通信将会断开，无法进行参数监测，这也就意味着参数监测工作将受到阻碍，无法顺利进行。按下启动按钮以后，主机会监测到这一状态，同时发起数据请求，随后CPU 会将命令发送出去，并准备接受来自传感器的数据。在完成一次数据请求后，对采集间隔时间定时器进行清零处理，至此也代表着本次数据请求已顺利完成。

3. 原始数据存储程序设计

对于数据保存这一任务而言，其主要目的是在施工开始的时候对压裂位置、钻孔编号、倾斜角、方位角、深度与压裂次数等加以保存并将其作为本段施工的基础参数放置在数据块的初始位置，在采集过程中这些参数不会发生变化，因此保存工作只需要做一次，这无疑极大地节省了存储空间。采集过程中将每秒采集到的传感器数据和时间数据按序存储在 FRAM，FRAM 适合高速读写但存储容量有限，待施工完毕监测到停止按钮的触发便将 1 M 字节的 FRAM 数据一次性转移到闪存中。

4. 人机交互界面程序设计

每当按下配置了触控控件的区域，串口屏便会立即向单片机返回数据并进入中断执行函数，单片机通过设定好的通信协议对数据进行解析，可获得相应触控控件的地址与设定值等信息进行数据交互。屏幕中内置了编号不同的界面，主要为压裂采集界面、历史数据查看界面、串口通信界面、数据清理界面、参数设置界面，通过向屏幕发送数据可实现界面切换、数据显示、动态曲线等功能。

5. 低功耗程序设计

水力压裂参数监测系统主机将长期运行于井下环境，作为便携式设备，电池容量有限，因此如何让主机能在有限的电池容量下运行更多的工作时间是十分重要的，SHT32F103 系列单片机均包含低功耗模式，通过合理调用相关工作模式可以达到降低功耗的目的。主板在工作时外接的元器件主要为传感器与屏幕，为降低耗电量延长工作时间，进行低功耗程序设计，对于传感器而言可以通过相关引脚设置高低电平进行开启与关闭，在不进行监测时可将传感器全部关闭，通过设置相关传感器如 WaterPress（on）、WaterPress（OFF）语句即可实现选择中断驱动技术功能。

水力压裂参数监测系统在井下正常运行时屏幕为高亮状态，考虑井下工作环境对亮度要求较低，增设亮度调节功能很有必要。当环境较暗时可以适当调低设备的显示亮度，减小屏幕的工作电流，这样可以最大限度地延长主机电池组的续航时间。因此，根据实际应用情况，需要通过 0x82 指令对背光亮度控制存储器进行操作。

6. 工艺参数预警程序设计

在施工过程中，因设备老化或故障产生的异常现象会导致额外的安全风险，统计得到的常见异常现象见表 7-6。

表 7-6　常见异常现象

序号	异常现象		水压传感器	流量传感器	油压传感器
1	孔内反向冲击	封孔器崩裂	突降	增加或维持较高水平	突增
		封孔器未崩裂	正常	降低或维持在较低水平	缓慢持续增加
2	崩管		突降	增加或维持较高水平	无变化
3	未压裂		增加并维持在最高水平	降低为零或维持在较低水平	无变化
4	泵站故障		突降为零	突降为零	无变化

针对上述异常现象编写工艺参数预警程序，在施工参数监测过程中，STM32芯片可以对本次监测的数据进行判断，如监测得到数据是否存在异常工况、流量传感器数据是否平稳上升、油压传感器的数值是否为稳定值、水压传感器的在经历过压裂施工初期先升后降以后的数值是否为小幅度波动。当存在突降时，则代表沟通原生裂隙或发生异常现象。

监测到用户点击停止施工按钮，主机界面跳转到压裂评价界面，系统自动判断压裂是否成功，与人工观测结果进行比对，提供"√""×"选项，若自动评价结果与人工观测结果一致则在程序数据段某位置记为"1"标志位，否则记"0"，待升井后将所存数据返回上位机，以备后期更新工艺参数预警算法使用。

7. 扩展半径解算软件程序设计

扩展半径解算软件程序设计，主要包括以下几方面。

（1）需求分析

扩展半径解算软件作为水力压裂参数监测系统数据处理的重要组成部分，具备以下几个功能。

①能够与系统主机进行数据传输，通过串口线连接。

②能够保存来自主机的数据。水力压裂参数监测系统主机存储空间有限，且工作场景具有一定的危险性，主机存在损坏的可能，为了保证采集到的施工数据的安全，需要在计算机端进行数据备份，以便后期随时查看。

③能够进行数据处理。将数据保存在本地硬盘中后，可随时调用相关数据生成所需的施工报表并且根据内置的算法规则对数据进行解析得到压裂施工的裂缝扩展半径等。

经过上述分析，扩展半径解算软件应当具备建立串口连接、数据传输、数据处理、数据查看、数据解算的功能。水力压裂参数监测系统主机作为系统的下位机，扩展半径解算软件作为系统的上位机，两者建立连接后方可传输数据。

（2）界面设计

根据前面对扩展半径解算软件功能的需求，完成上位机软件开发，主要分为5大功能模块，分别为：串口连接；数据通信；曲线展示；历史数据查询；扩展半径解算。

在水力压裂参数监测系统扩展半径解算软件中，主要功能界面集成了较多功能，当上位机连接上监测装置主机后，便可进行串口通信测试。若串口连接正常则在主机端会有相应界面提示，在连接上以后可进行数据传输，通过特定的通信协议可以读取主机 Flash 中存储的各段水力压裂施工数据并将其保存在计算机中。为满足现场需求，扩展半径解算软件支持按时间查询历史数据，将会显示该段施工数据的施工曲线。

三、压裂技术管理日趋完善

在压裂技术不断改进和完善的过程中，技术管理控制也成为影响发展的重要因素。一般在进行技术施工控制时，由于对技术施工管理控制不严格，容易导致压裂出现质量问题或造成安全隐患。

在未来的技术发展过程中，监督管理制度也会不断完善。对技术管理的完善可以从施工设备的管理以及施工材料的选择方面进行改进。对于施工设备的管理，要对设备保存的温度或湿度进行管理。对于材料的选择，要选择能够承受较大压力的材料，避免因为材料质量不符合设备使用要求，造成压裂施工中的质量问题。

对压裂施工人员进行培训，使其掌握与水平井压裂相关的理论知识和实践操作技能。水平井压裂存在一定的危险性，因此提高施工人员的综合素质，能够在一定程度上提高水平井的压裂质量。

参 考 文 献

［1］麻成斗.大庆外围油田低渗透薄油层水平井开发技术应用［M］.北京：石油工业出版社，2008.

［2］曲占庆，温庆志.水平井压裂技术［M］.北京：石油工业出版社，2009.

［3］中国石油勘探与生产公司.水平井压裂酸化改造技术［M］.北京：石油工业出版社，2011.

［4］《水平井油藏工程设计》编委会.水平井油藏工程设计［M］.北京：石油工业出版社，2011.

［5］张建军，舒勇，师俊峰，等.水平井技术发展及应用案例［M］.北京：石油工业出版社，2012.

［6］吴奇.水平井体积压裂改造技术［M］.北京：石油工业出版社，2013.

［7］任占春，黄波.胜利油田水平井多级压裂技术研究与实践［M］.北京：石油工业出版社，2016.

［8］穆罕默德·索里曼，罗恩·达泽霍夫特.压裂水平井［M］.郝明强，徐晓宇，译.北京：石油工业出版社，2020.

［9］李宾.水平井分段压裂工艺技术研究［J］.石化技术，2021，28（12）：206-207.

［10］梁斌，任瑞川，程琦，等.水平井地质导向关键技术研究及应用［J］.录井工程，2021，32（4）：37-42.

［11］李辉.影响水平井固井质量因素分析及对策［J］.化学工程与装备，2021（12）：83-84.

［12］冯铅玖.油田水平钻井技术研究［J］.化工管理，2021（35）：193-194.

［13］王金喜，郭鹏，廖强，等.长庆地区水平井压裂风险控制探讨［J］.现代盐化工，2021，48（5）：94-95.

［14］金晨贵.海上水平井固井技术研究［J］.化工管理，2021（25）：189-190.

［15］赵宝君.ZP26–P2 三维水平井钻井施工技术［J］.西部探矿工程，2021，33（7）：71–72.

［16］邹立萍，邹昌柏.关于水平井压裂工艺技术现状及展望［J］.当代化工研究，2021（10）：7–8.

［17］李承跃.水平井射孔完井优化［J］.化学工程与装备，2021（5）：79–80.

［18］肖琼.水平井地质优化设计探讨［J］.西部探矿工程，2021，33（7）：31–33.

［19］刘行臣.水平井固井质量的影响因素及对策分析［J］.石化技术，2021，28（2）：162–163.

［20］陈伟.水平井分段多簇压裂技术影响因素［J］.化学工程与装备，2022（6）：78–79.

［21］胡辽.连续油管多级射孔技术在水平井中的应用［J］.中国石油和化工标准与质量，2022，42（9）：132–134.

［22］边天宏，罗慧杰，高腾.水平井开发技术的分析与应用［J］.中国石油和化工标准与质量，2022，42（9）：163–165.

［23］谢书豪，龚旭，李兴义，等.油田水平井钻井技术现状与发展趋势探究［J］.中国石油和化工标准与质量，2022，42（4）：196–198.